职业教育改革创新规划教材

金属材料与工艺

主 编　顾鹏展

副主编　尹文新

参 编　杜金鑫　马作正　赵俊德

电子工业出版社

Publishing House of Electronics Industry

北京·BEIJING

内 容 简 介

本书主要讲授金属材料基础知识与热处理基本工艺，以及机械制造工艺基础相关理论知识，着重于与材料选用有关的机械制造基本能力的培养。主要内容包括金属材料的性能、铁碳合金、钢的热处理、其他常用金属和当今前沿金属材料介绍、金属毛坯制造工艺、零件切削加工工艺等相关知识。选材少而精，重点突出，主次分明，通俗易懂，采用新的国家标准，理论联系实际，便于教学，利于自学，符合中职教育教学特点。

本书既可作为中等职业院校焊接技术类相关专业的课程教学用书，也可作为相关行业从业人员的培训和参考用书，尤其可供焊接行业从业人员参考。

图书在版编目（CIP）数据

金属材料与工艺 / 顾鹏展主编. —北京：电子工业出版社，2017.7

ISBN 978-7-121-31947-1

Ⅰ. ①金… Ⅱ. ①顾… Ⅲ. ①金属材料－职业教育－教材 ②金属加工－工艺－职业教育－教材 Ⅳ. ①TG

中国版本图书馆 CIP 数据核字（2017）第 139702 号

策划编辑：张 凌
责任编辑：张 凌　　　　　特约编辑：王 纲
印　　刷：北京虎彩文化传播有限公司
装　　订：北京虎彩文化传播有限公司
出版发行：电子工业出版社
　　　　　北京市海淀区万寿路 173 信箱　　邮编：100036
开　　本：787×1092　1/16　印张：12.5　字数：320 千字
版　　次：2017 年 7 月第 1 版
印　　次：2023 年 1 月第 4 次印刷
定　　价：29.60 元

凡所购买电子工业出版社图书有缺损问题，请向购买书店调换。若书店售缺，请与本社发行部联系，联系及邮购电话：（010）88254888，88258888。

质量投诉请发邮件至 zlts@phei.com.cn，盗版侵权举报请发邮件至 dbqq@phei.com.cn。

本书咨询联系方式：（010）88254583，zling@phei.com.cn。

前　言

随着现代科技的发展，金属材料不断推陈出新，机械加工方法和手段也越来越多，对机械加工技术人员特别是焊接技术人员要求也越来越高。为了适应中等职业院校对机械类专业教学的要求，全面提高教学质量，培养具有专业知识和实践能力的新一代焊接技术人员，使他们对金属材料及加工工艺有比较全面的了解，熟悉相关知识，提高分析和操作加工能力；同时为了满足广大机械加工行业在职人员的培训需求，特编写此书。

本书在内容选材上，更加符合当前技能人才培养的需要，更好地反映新知识、新技术、新设备、新材料。同时结合教学改革要求，在教材中融入先进的教学理念和教学方法，注意将抽象的理论知识形象化、生动化，注重加强实践性教学环节，以及构建"做中学"、"学中做"的学习过程，充分体现中职教学特色。在编写中，以够用为度，适用为主，应用为本，使学生毕业后既能胜任岗位要求，又能适应焊接技术行业的变化和发展需求。

本书选材少而精，重点突出，主次分明，通俗易懂，采用新的国家标准，理论联系实际，便于教学，利于自学，符合中职教育教学特点。

本书适用于 92 学时的教学，学时分配建议如下：

章　次	内　容	学　时
绪论	绪论	1
第 1 章	金属的结构与结晶	4
第 2 章	金属材料的性能	6
第 3 章	铁碳合金	10
第 4 章	钢的热处理	8
第 5 章	合金钢	6
第 6 章	铸铁	4
第 7 章	有色金属与硬质合金	7
第 8 章	锻造和铸造	9
第 9 章	车削	10
第 10 章	钳加工	10
第 11 章	铣削、刨削与镗削	10
第 12 章	磨削	5
机动		2～4

本书由南阳技师学院顾鹏展担任主编（绪论、第 1～4 章），尹文新担任副主编（第 5 章），

参加编写的还有杜金鑫（第6、7章）、马作正（第8章）、赵俊德（第9~12章）。本书在编写过程中得到了有关单位的大力支持和帮助，编者参考了许多专家学者的著作和文献，在此，一并表示衷心感谢。

本书既可作为中等职业院校焊接技术类相关专业的课程教学用书，也可作为相关行业从业人员的培训和参考用书，尤其可供焊接行业从业人员使用。

编　者

目 录

绪　　论

在人类使用的众多材料中，金属材料由于特有的多种优异性能，被广泛地应用于生活和生产当中，是现代工业和科学技术领域不可缺少的重要材料。

作为一名机械行业的技术工人，从手中的工具到加工的零件，每天都要与各种各样的金属材料打交道，为了能够正确地认识和使用金属材料，合理选用金属材料，适当确定热处理工艺，确定不同金属材料的加工方法，充分发挥材料的潜力，提高产品零件的质量，节省金属材料，就必须熟悉金属材料的牌号，了解它们的性能和变化规律。因此，我们需要比较深入地学习和了解金属材料的相关知识，金属材料与热处理正是这样的一门研究金属材料的成分、组织、热处理与金属材料性能之间的关系和变化规律的学科。

金属材料在现代工农业生产中占有极其重要的地位。不仅在机械制造、交通运输、国防科技等各个部门需要使用大量的金属材料，而且在人们日常生活的用品中也离不开金属材料。金属材料的品种繁多，工程上常用的金属材料有钢铁、有色金属及其合金、粉末冶金材料等。各种材料的性能主要是指使用性能和加工工艺性能。金属材料在使用条件下所表现的性能称为使用性能，它包括材料的物理、化学和机械性能。金属材料在冷、热加工的过程中所表现的性能称为加工工艺性能，它包括铸造性能、压力加工性能、焊接性能、热处理性能、切削加工性能等。

金属材料作为应用最为广泛的工程材料，利用各种手段对金属材料进行加工从而得到所需产品的过程，称为机械制造。机械制造包括从金属材料毛坯的制造到制成零件后装配到产品上的全过程。机械制造在制造业中占有非常重要的地位。

按照被加工金属材料在加工时状态不同，机械制造通常分为热加工和冷加工两大类。每一类加工可按从事工作的特点分为不同的职业工种，机械制造的主要职业工种有（热加工类）铸工、锻工、焊工，（冷加工）钳工、车工、镗工、铣工、磨工、金属特种加工。

无论哪一门工种，在实际工作中都需要掌握相关金属材料及热处理知识，因此本课程将金属材料及其加工工艺合在一起，使学习更加连贯和实用。

本课程的主要内容包括金属材料的基本知识、金属的性能、金属学的基础知识和热处理的基本知识、铸造、锻造、车削、钳加工、铣削、刨削、镗削和磨削。

所谓金属，是指由单一元素构成的具有特殊的光泽、延展性、导电性、导热性的物质，如金、银、铜、铁、锰、锌、铝等。而合金是指由一种金属元素与其他金属元素或非金属元素通过熔炼或其他方法合成的具有金属特性的材料。金属材料是金属及其合金的总称，即指金属元素或以金属元素为主构成的，并具有金属特性的物质。

　　金属材料的基本知识主要介绍金属的晶体结构及变形的相关知识，金属的性能主要介绍金属的力学性能和工艺性能，金属学基础知识讲述铁碳合金的组织及铁碳合金相图，金属材料讲述碳素钢、合金钢、铸铁、有色金属及硬质合金等金属材料的常用牌号、成分、组织、性能及用途。热处理基本知识讲述热处理的原理（钢在加热、保温、冷却时的组织转变）和热处理的工艺（退火、正火、淬火、回火、表面热处理），以及常用材料的典型热处理工艺。金属加工工艺主要讲述常用的金属毛坯形成方法及常用金属加工工艺。

第一单元
金属材料与热处理

第1章 金属的结构与结晶

生活中，我们身边有很多金属，虽然它们都属于同一类物质，但其性能差异却很大。比如铁丝和钢丝，一个柔软而另一个坚硬。金属性能的差异是由其内部结构决定的。因此，掌握金属的内部结构及其对金属性能的影响，对于选用和加工金属材料具有非常重要的意义。

1.1 金属的晶体结构

1.1.1 晶体与非晶体

物质是由原子和分子构成的，其存在状态可分为气态、液态和固态。固态物质根据其结构特点不同可分为晶体和非晶体。

所谓晶体是指其原子（确切说是离子）呈规律分布的物体。晶体和非晶体的对比可见表 1-1，通过定义和性质可以容易地区分晶体与非晶体。自然界的绝大多数物质在固态下为晶体，只有少数为非晶体。由于晶体内部原子排列的规律性，有时甚至可以见到某些物质的外形也具有规则的轮廓，如水晶、食盐及黄铁矿等，但金属晶体一般则看不到这种规则的外形。所有金属都是晶体。

表 1-1 晶体和非晶体的对比

项 目	晶 体	非 晶 体
定义	原子呈有序、有规则排列的物质	原子呈无序、无规则堆积的物质
性能特点	具有规则的几何形状 有一定的熔点，性能呈各向异性（在各方向上表现出不同的性能）	没有规则的几何形状 没有固定的熔点，性能呈各向同性
典型物质	石英、云母、明矾、食盐、硫酸铜、糖、味精	玻璃、蜂蜡、松香、沥青、橡胶

1.1.2 金属的晶格类型

金属的晶格类型是指金属中原子排列的规律。如果把金属原子看作一个直径一定的小球，则某金属中原子的排列情况如图 1-1 所示。为了更清楚地表示晶体中原子排列的规律，可将原子简化为一个质点，再用假想的线将它们连接起来，这样就形成了一个能反映原子排列规律的空间格架，称为晶格，如图 1-2 所示。

晶胞是可以反映金属原子排列规律的最小单元，所以一般都是取出晶胞来研究的。

图 1-1 晶体中原子的排列情况

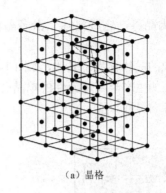

（a）晶格　　（b）晶胞

图 1-2 晶格和晶胞示意图

虽然固体金属都是晶体，但是各种金属的晶体结构并不是完全相同的。某种金属的晶格是该金属所固有的，金属不同，晶格也就不同。

金属的晶格结构在已知的 80 多种金属元素中，除少数金属具有复杂的晶体结构外，绝大多数（占 85%）金属属于以下三种简单晶格：体心立方晶格、面心立方晶格和密排六方晶格。有 14 种金属属于体心立方晶格，15 种金属属于面心立方晶格，17 种金属属于密排六方晶格，常见的三种金属晶格类型见表 1-2。

表 1-2 常见的三种金属晶格类型

名称	结　构　特　点	晶胞示意图	典　型　金　属
体心立方晶格	晶胞是一个立方体，原子位于立方体的八个顶点和立方体的中心		钨（W）、钼（Mo）、钒（V）、铌（Nb）、钽（Ta）及 α-铁（α-Fe）等
面心立方晶格	晶胞是一个立方体，原子位于立方体的八个顶点和立方体六个面的中心		金（Au）、银（Ag）、铜（Cu）、铝（Al）、铅（Pb）、镍（Ni）及 γ-铁（γ-Fe）等
密排六方晶格	晶胞是一个正六棱柱，原子除排列于柱体的每个顶点和上、下两个底面的中心外，正六棱柱的中心还有三个原子		镁（Mg）、铍（Be）、镉（Cd）、锌（Zn）等

除以上三种晶格外，少数金属还具有其他类型的晶格，但一般很少遇到。

即使相同原子构成的晶体，只要原子排列的晶格形式不同，则它们之间的性能就会存在很大的差别，如金刚石与石墨就是典型的例子。

1.1.3 单晶体与多晶体

金属是由很多大小、外形和晶格排列方向均不相同的小晶体组成的，小晶体称为晶粒，晶粒间交界的地方称为晶界，这种实际上由多晶粒组成的晶体结构称为多晶体，如图 1-3 所示。

只由一个晶粒组成的晶体称为单晶体，如图 1-4 所示，单晶体的晶格排列方位完全一致。单晶体必须人工制作，如生产半导体元件的单晶硅、单晶锗等。单晶体在不同的方向上具有不同性能的现象称为各向异性。

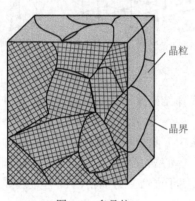

图 1-3　多晶体

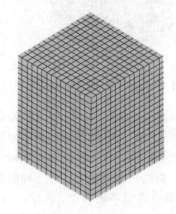

图 1-4　单晶体

普通金属材料都是多晶体，虽然每个晶粒各向异性，但由于各个晶粒位向不同，加上晶界的作用，这就使得各晶粒的有向性互相抵消，因而整个多晶体呈现出无向性，即各向同性。

1.1.4　晶体的缺陷

实际上由于各种原因，金属原子的规律排列受到干扰和破坏，使晶体中的某些原子偏离正常位置，我们把这种晶体中原子紊乱排列的现象称为晶体缺陷。晶体缺陷对金属材料的许多性能都有很大的影响，特别是在金属的塑性变形及热处理过程中起着重要作用。

常见的几种晶体缺陷及影响见表 1-3。

表 1-3　常见的几种晶体缺陷及影响

类型	名　称	缺陷示意图	说　明	对性能的影响
点缺陷	间隙原子 空位原子 置代原子	间隙原子 空位原子 置代原子	晶体在三维方向上尺寸很小，不超过几个原子直径的缺陷。常见的点缺陷有间隙原子、空位原子和置代原子	在宏观上，使材料的强度、硬度和电阻加增，同时处于缺陷处的原子易于移动
线缺陷	刃位错		晶体某一平面中呈线状分布的缺陷，它的具体形式为位错。最常见的位错为刃位错	在位错周围，由于错排晶格产生较严重的畸变，所以内应力较大。位错很容易在晶体中移动，位错的存在在宏观上表现为：使得金属材料的塑性变形更加容易

续表

类型	名　称	缺陷示意图	说　　明	对性能的影响
面缺陷	晶界		面缺陷是指在晶体的空间中分布着的较大的缺陷。常见的面缺陷有金属晶体中的晶界和亚晶界	由于晶界处的原子排列极不规则，所造成的晶格畸变处于不稳定状态，高温下晶界处的原子极易扩散。而在常温下晶界使金属的塑性变形阻力增大 在宏观上表现为晶界较晶粒内部具有更高的强度和硬度。因此，晶界越多，金属材料的力学性能越好
	亚晶界			

1.2 纯金属的结晶

工业上使用的金属材料通常要经过液态和固态的加工过程。例如制造机器零件的钢材，要经过冶炼、注锭、轧制、锻造、机加工和热处理等工艺过程，如图 1-5 所示。生产上将金属的凝固称为结晶。

结晶是指金属从高温液体状态冷却凝固为固体（晶体）状态的过程，在结晶过程中会放出一定的热量，称为结晶潜热。

1.2.1 纯金属的结晶过程

金属的结晶必须在低于其理论结晶温度（熔点 T_0）下才能进行，理论结晶温度和实际结晶温度（T_1）之间存在的这个温度差称为"过冷度"（$\Delta T=T_0-T_1$），如图 1-6 所示。金属结晶时，过冷度的大小与冷却速度有关，冷却越快，其实际结晶的温度就越低，过冷度 ΔT 也就越大。

图 1-5　炼钢

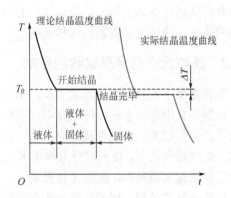

图 1-6　结晶时的冷却曲线及过冷度示意图

纯金属的结晶是在恒温下进行的。结晶结束，不再有潜热放出来补充散发的热量，温度又重新下降，直至室温。

图 1-7 所示为金属结晶过程示意图。金属的结晶过程由晶核的产生和长大两个基本过程

组成，并且这两个过程是同时进行的。实验证明，这个晶核产生与长大的过程是一切物质（包括非金属物质）进行结晶的普遍规律。例如下雪时，刚开始落下的是小雪粒（小晶体），随着空气中水蒸气不断地向小雪粒上凝聚，慢慢地雪粒就变成了飘舞的雪花（枝状晶）。在晶核开始成长的初期，因其内部原子规则排列的特点，其外形也大多是比较规则的。但随着晶核的成长，晶体棱角的形成，棱角处的散热条件优于其他部位，因而得到优先成长，如树枝一样先长出枝干，再长出分枝，最后再把晶间填满。这种成长方式叫"枝晶成长"。

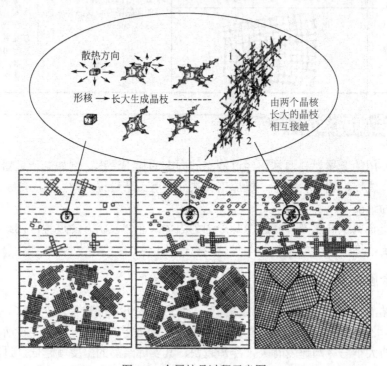

图 1-7　金属结晶过程示意图

由于树枝状晶体在金属结晶时是不透明的，所以很难看到。但在一些情况下，由于结晶时没有得到足够的原子填充，所以其形态被保存下来，比如在一些纯金属的表面、铸锭或铸件的缩孔中，通常可以观察到这种结构。

1.2.2　晶粒大小对金属材料的影响

在显微镜下观察纯铁晶粒的大小、形态和分布，如图 1-8 所示。

从图 1-8 中可以看出，纯铁是由许多形状不规则的晶粒组成的。金属材料的晶粒越细，其晶界总面积越大，强度也就越高；同时由于晶粒越细，在相同体积内的晶粒数目就越多。在同样的变形条件下，变形可分散在更多的晶粒中进行，使变形量的分配更均匀，因此金属不易因变形过大而断裂，使其塑性提高。

有色金属的晶粒一般都比钢铁中的晶粒大一些，有时甚至不用显微镜就能直接看见，如镀锌钢板表面的锌晶粒，其尺寸通常可达数毫米至十几毫米，用肉眼便可观察到其晶粒及晶粒表面枝状晶组成的花纹。

晶粒的大小与晶核数目和长大速度有关。形核率越高，长大速度越慢，则结晶后的晶粒越细小，因而在生产中一般通过提高形核率并控制晶粒长大速度的方法来细化晶粒。铸造生产中为了得到细晶粒的铸件，常采取以下几种方法。

图 1-8　晶粒的大小、形态和分布

1. 增加过冷度

金属结晶时的冷却速度愈大，其过冷度便愈大，随着过冷度的增加，晶核的形成率和成长率都增大，并在一定的过冷度时各自达到一最大值。一般工业条件下，金属结晶过程中过冷度越大，晶粒越细。薄壁铸件的晶粒较细；厚大的铸件往往是粗晶，铸件外层的晶粒较细，心部则是粗晶。

2. 变质处理

任何金属中总不免含有或多或少的杂质，有的可与金属一起熔化，有的则不能，而是呈未熔的固体质点悬浮于金属液体中。这些未熔的杂质，当其晶体结构在某种程度上与金属相近时，常可显著地加速晶核的形成，使金属的晶粒细化。因为当液体中有这种未熔杂质存在时，金属可以沿着这些现成的固体质点表面产生晶核，减小它暴露于液体中的表面积，使表面能降低，其作用甚至会大于加速冷却增大过冷度的影响。

生产中最常用的细化晶粒的方法是变质处理。即在浇注前向液态金属中加入一些细小的变质剂，以提高形核率或降低长大速度。例如在钢中加入钛、硼、铝等，在铸铁中加入硅铁、钙铁等，均能起到细化晶粒的作用。

3. 振动处理

金属在结晶时，对液态金属采取机械振动、超声波振动和电磁振动等措施，使生长中的晶枝破碎而细化，而且破碎的枝晶又可作为结晶核心，从而达到提高形核率、阻碍晶粒长大的双重目的，以细化晶粒。

此外，对于固态下晶粒粗大的金属材料，可通过热处理的方法来细化晶粒，相关内容将在热处理的有关章节中加以介绍。

1.2.3　同素异构转变

大多数金属的晶格类型是固定不变的，但是铁、锰、锡、钛等金属的晶格类型都会随温度的升高或降低而发生变化。在固态下，金属随温度的改变由一种晶格转变为另一种晶格的现象称为金属的同素异构转变。图 1-9 所示为纯铁的冷却曲线。

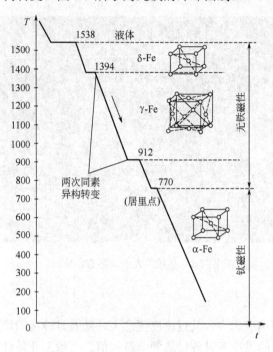

图 1-9 纯铁的冷却曲线

由图可见，液态纯铁在 1538℃时开始结晶，得到具有体心立方晶格的 δ-Fe，继续冷却到 1394℃时发生同素异构转变，转变为面心立方晶格的 γ-Fe，再冷却到 912℃，γ-Fe 转变为体心立方晶格的 α-Fe，如再继续冷却到室温，晶格类型将不再发生变化。

金属的同素异构转变也是一种结晶过程，又称重结晶。现已发现，约有 30 多种金属，特别是过渡族金属都具有同素异构转变。特别有意义的是，以这些金属为基的合金（固溶体）往往也具有类似的转变，如钢中的铁素体和奥氏体之间的转变等。

研究和掌握金属及合金的同素异构转变，对于掌握和应用金属材料是十分重要的，它是进行金属热处理的内在依据。因为，仅具有同素异构转变的金属才能通过热处理方法来使它发生相变，从而获得技术上所需的组织，最后使金属零件具备设计所需要的性能。

第 **2** 章

金属材料的性能

在机械工业中，应用最广泛的材料是金属。根据产品不同的使用目的和工作条件，对金属材料在性能上提出了不同的要求。为了在机械制造中能够合理地选择金属材料，正确地拟定各种加工工艺过程，充分发挥金属材料的作用，达到既节约金属材料又保证产品质量的目的，以及研制和发展新金属材料，就必须掌握金属材料的性能。

金属的性能是多方面的，根据工程技术上对金属材料性能要求的不同，可将金属的性能分为使用性能和工艺性能两大类。

金属材料在使用条件下所表现的性能称为使用性能。金属材料对不同加工工艺方法的适应能力称为工艺性能。

金属材料的使用性能包括力学性能（如强度、硬度、塑性、韧性等）、物理性能（如密度、熔点、导热性、导电性、热膨胀性及磁性等）、化学性能（如抗氧化性、抗腐蚀性等）以及其他使用性能（如耐磨性、消振性、抗辐射性等）。

金属材料的工艺性能包括铸造性能、锻压性能、切削加工性能、焊接性能和热处理性能等。

工程技术上不但要求金属材料具有良好的使用性能，而且还要求具有良好的工艺性能。因为有时候工艺性能会成为决定某种金属材料工业价值的关键因素，所以对金属材料的这两大类性能都必须予以充分的重视和研究。

2.1 金属材料的物理性能

金属物理性能包括密度、熔点、导热性、导电性、热膨胀性、导磁性及电阻温度系数等。它们可以作为使用性能，而且有些还同时成为工艺性能。这是金属性能中重要的部分。

2.1.1 密度

金属的密度就是单位体积的金属质量，即金属质量与其体积的比值。每一种金属都有固定的密度数值，用符号 ρ 来表示。密度的测定方法：为测出某金属的体积和质量，用密度公式计算出即可。

密度的计算公式为：

$$\rho = \frac{m}{V}$$

式中，m——金属的质量（kg）；

      V——金属的体积（m^3）；

      ρ——金属的密度（kg/m^3）。

金属的密度是机械工业中常用的一项重要性能数据。在选材时，必须考虑密度的因素。制造飞机、汽车、车辆及桥梁等构件的材料，在满足材料强度的条件下，要求自重尽量轻，这时应选择密度小的金属材料；在金属零件的加工过程中也常常要用到密度，例如需要用密度来算出铸造一个零件需要用多少质量的铸造合金，日常生活中用密度公式计算大型零件的质量；在科研工作中，用测定密度的方法来鉴别金属和确定某些金属铸件的致密程度等。

一般习惯性将密度小于 $5×10^3 kg/m^3$ 的金属称为轻金属，密度大于 $5×10^3 kg/m^3$ 的金属称为重金属。常用金属的密度值见表 2-1。

表 2-1 常用金属密度值

材　料	密　度 （$10^3 kg/m^3$）	材　料	密　度 （$10^3 kg/m^3$）
金	19.3	银	10.5
铅	11.4	锡基轴承合金	7.4
铜	8.9	灰铸铁	7.2
钢	7.8	钛合金	4.5
铝	2.7	镁合金	1.8
镍	8.8	铜合金	9.8

2.1.2　熔点

金属或合金在加热过程中由固体熔化为液体的温度称为熔点，常用摄氏温度（℃）来表示。对于每一种金属来说其熔点都是固定不变的，常用金属的熔点见表 2-2。

表 2-2 常用金属的熔点

材　料	熔点（℃）	材　料	熔点（℃）	材　料	熔点（℃）
钨	3380	铅	327	钢	1400～1500
钼	2625	锡	232	铜	1083
钛	1677	纯铁	1538	金	1064
银	961	铸铁	1130～1350	铝	658

金属的熔点可以用热分析法精确测定。在常用金属材料中钨的熔点最高，即最难熔解。锡、铅等金属熔点较低，称为低熔点金属。金属材料的选材和制造与熔点密切相关。在金属和合金的铸造与焊接时温度都必须要高于它的熔点，热处理的温度则必须低于其熔点。熔点低的合金可用来制造钎料、熔丝（铅、锡、铋、镉的合金）、铅字（铅与锑的合金）等，在制造机械零件、结构件及耐热零件时，须根据使用条件的要求，选择熔点合适的金属或合金。

2.1.3　热膨胀性

固态金属或合金在温度变化时体积和长度会发生相应变化，一般来说受热时体积增大，冷却时体积缩小，金属的这种随着温度而热胀冷缩的特性称为热膨胀性。金属热膨胀性的大小用线膨胀系数（符号为 α_l）和体膨胀系数（符号为 α_v）来表示，它们的近似关系为：

$$\alpha_v \approx 3\alpha_l$$

线膨胀系数可以用各种型号的膨胀仪来测定。根据下列公式可求得 α_l 值：

$$\alpha_1 = \frac{L_t - L_0}{L_0 t}$$

式中，L_0——试样膨胀前原始长度（mm）；

L_t——试样膨胀后长度（mm）；

t——升高的温度（℃）；

α_l——线膨胀系数（K^{-1}）。

表 2-3 所列是常用金属和合金的线膨胀系数值。

表 2-3　常用金属和合金的线膨胀系数

材料名称	线膨胀系数 α_1 （$10^{-6}K^{-1}$）	材料名称	线膨胀系数 α_1 （$10^{-6}K^{-1}$）
银	19.7	钴	12.7
铝	23.6	铂	9.0
铜	17.0	45 钢	11.59
铁	11.76	1Cr18Ni9Ti	16.6
铬	6.2	15Mn	12.3
镍	13.4	锡基轴承合金	23.0

注：线膨胀系数为273～373K 下测得。

在实际工作中，对于热膨胀的影响应引起高度重视。例如活塞在缸套间（既不能漏气又不能卡住）运动以及转动，轴与轴瓦之间都要用膨胀系数值来控制其间隙尺寸；在铸造机械零件时，为了确保零件尺寸，减少和避免缩孔及疏松等铸造缺陷，必须考虑材料的热膨胀影响；在零件热处理及铸件冷却时局部体积收缩可能会引起开裂；精密量具受温度变化会引起读数误差等。

2.1.4　导热性

金属在加热或冷却时能够传导热能的性质称为导热性。金属导热性的大小用金属的热导率来表示，符号为，单位是 W/（m·K）。

热导率 λ 的数值可以用热导仪测定，其方法大致分为动态法和静态法两大类，一般以静态法为准。

从表 2-4 可以知道所有金属中银的导热性最好，铜其次，纯金属的导热性比合金要好。在导热过程中，热导率标志温度变化的速度，因此掌握热导率概念对热处理极为重要。例如，当制定金属或合金热处理规范时，加热速度的确定，要考虑到 λ 值。合金钢的导热性比碳素钢差，加热速度要相应慢些；在淬火冷却时，工件的温度是心部高而表面低，导热性差的钢种内外温差比较大，淬火时容易产生变形甚至开裂，因此合金钢淬火时往往用油冷。可见，钢件热导率对热处理是十分重要的。一般来说，导热性好的金属散热性也好，因此在制作散热器、热交换器与活塞等零件时，要注意挑选热导率大的金属或合金。

表 2-4　常用金属热导率

材 料 名 称	热导率 λ $[W/(m \cdot K)]$	材 料 名 称	热导率 λ $[W/(m \cdot K)]$
银	419	镍	92
铜	393	灰铸铁	～63
铝	222	碳钢	67①
铁	75	18-8 不锈钢	17①

①指在 373K 时的 λ 值。

2.2 金属材料的力学性能

金属材料的力学性能是指金属具有的承受机械载荷（外力或能量）而不超过许可变形或不破坏的能力。

金属材料的力学性能包括强度、硬度、塑性、冲击韧性、疲劳强度等性能。

2.2.1 强度和塑性

静拉伸试验是工业上最广泛使用的力学性能试验方法之一，其方法简单可靠。试验时，在试样两端缓慢施加载荷，使试样的工作部分受轴向拉力，引起试样沿轴向伸长，直至试样拉断为止。测定试样对外加载荷的抗力，可以求出材料的强度指标，测定试样断后伸长率、断面收缩率等塑性指标。图 2-1 为拉伸试验机。

图 2-1　拉伸试验机

1. 拉伸曲线图

拉伸试验的试样截面有圆形、矩形及管形等，试样加工应符合 GB/T228—2002 标准规定。图 2-2 所示为钢的拉伸试样。

一般试验机都带有自动记录装置，可把作用在试样上的力和所引起的伸长自动记录下来，绘出力-伸长曲线，这种曲线叫作拉伸图（拉伸曲线）。图 2-3 是低碳钢的力-伸长曲线，

纵坐标表示力 F，单位为 N，横坐标表示绝对伸长 ΔL，单位为 mm。退火低碳钢的 $F\text{-}\Delta L$ 关系曲线，可分为如下几个阶段。

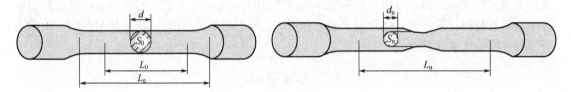

图 2-2 钢的标准拉伸试样示意图

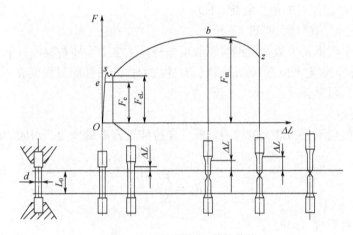

图 2-3 低碳钢的力-伸长曲线

（1）弹性变形阶段

试样变形完全是弹性的，卸力后试样即恢复原状。力比较小时，试样伸长随力成正比地增加，保持比例关系。超过比例伸长力后，$F\text{-}\Delta L$ 呈非比例关系，直至最大弹性伸长力 F_e。

（2）屈服阶段

当力超过 F_e 再卸力时，试样的伸长只能部分地恢复，而保留一部分残余变形。卸力后的残余变形叫作塑性变形。当力增加到一定值时，力指示器（测力度盘）的指针停止转动或开始往回转，拉伸图上出现了平台或锯齿状，这种压力不增加或减小的情况下，试样还继续伸长的现象叫作屈服。平台阶段的力为屈服力 F_s，当出现锯齿状时有上屈服力 F_{eH} 和下屈服力 F_{eL} 之分。屈服后，材料开始出现明显的塑性变形，试样表面出现滑移带。

（3）强化阶段

在屈服阶段以后，欲使材料继续变形，必须不断施力。随着塑性变形的增大，材料变形抗力不成比例地逐渐增加。这种现象叫作形变强化或加工硬化。力-伸长曲线图上的最大力 F_m，即为材料在拉伸时的最大力。

（4）缩颈阶段

当力达到最大值 F_m 后，试样的某一部位横截面开始急剧缩小，出现"缩颈"。试样抗力下降，施加的力也随之下降，而变形继续增加。这时变形主要局限于缩颈附近，直到断裂。

2. 强度

金属在静载荷作用下抵抗塑性变形或断裂的能力称为强度。强度的大小用应力表示。

（1）屈服强度

金属材料在拉伸试验时产生的屈服现象是开始产生宏观塑性变形的一种标志。屈服强度是当金属材料呈现屈服现象时，在实验期间发生塑性变形而力不增加的应力点。对于有明显屈服现象的材料，其屈服强度分为上屈服强度 R_{eH} 与下屈服强度 R_{eL}，在金属材料中，一般用下屈服强度代表屈服强度。

$$R_{eL} = \frac{F_{eL}}{S_0}$$

式中，R_{eL}——试样的下屈服强度（MPa）；

F_{eL}——试样屈服时的最小载荷（N）；

S_0——试样原始横截面面积（mm^2）。

除低碳钢和中碳钢及少数合金钢有屈服现象外，大多数金属材料没有明显的屈服现象，因此，对这些材料，规定产生 0.2%残余伸长时的应力作为条件屈服强度 $R_{p0.2}$，可以替代 R_{eL}，称为条件（名义）屈服强度。

（2）抗拉强度

材料在拉断前能承受的最大的应力，即试样拉伸过程中最大力所对应的应力称为抗拉强度，以 R_m 表示。

$$R_m = \frac{F_m}{S_0}$$

式中，R_m——抗拉强度（MPa）；

F_m——试样在屈服阶段后所能抵抗的最大载荷（N）；

S_0——试样原始横截面面积（mm^2）。

3. 塑性

材料受力后在断裂前金属发生塑性变形的能力叫作塑性。

（1）断后伸长率

断后伸长率是试样拉断后，标距的伸长与原始标距的百分比，以 A 表示。

$$A = \frac{L_u - L_0}{L_0} \times 100\%$$

式中，L_u——试样拉断后的标距（mm）；

L_0——试样原始标距（mm）。

（2）断面收缩率

断面收缩率是试样拉断后，缩颈处横截面积的最大缩减量与原始横截面积的百分比。以 Z 表示。

$$Z = \frac{S_0 - S_u}{S_0} \times 100\%$$

式中，S_u——试样拉断后缩颈处的横截面面积（mm^2）；

S_0——试样原始横截面面积（mm^2）。

金属材料的断后伸长率和断面收缩率越高，其塑性越好。塑性好的材料，易于变形加工，而且在受力过大时，首先发生塑性变形而不致突然断裂，因此比较安全。

2.2.2 硬度

硬度是指金属材料抵抗局部塑性变形的能力。它是衡量金属材料软硬程度的一种性能指标。硬度越高，材料的耐磨性越好。机械加工中所用的刀具、量具、模具以及大多数机械零件都应具备足够的硬度，以保证使用性能和寿命，否则容易因磨损而失效。因此，硬度是金属材料一项重要的力学性能。

金属硬度试验与拉伸试验一样也是一种应用广泛的力学性能试验方法。硬度试验方法基本上可分为压入法和刻划法两大类。在压入法中，根据加载速率不同又可分为静载压入法和动载压入法。通常，硬度是在硬度试验机上用静载试验法测得的，如图 2-4 所示。常用的硬度实验法有布氏硬度实验法、洛氏硬度实验法、维氏硬度实验法。

（a）布氏硬度试验机　　　　（b）洛氏硬度试验机　　　　（c）维氏硬度试验机

图 2-4　硬度试验机

1. 布氏硬度

（1）布氏硬度的定义

使用一定直径的硬质合金球体，以规定实验力压入试样表面，并保持规定时间后卸除实验力，然后测量表面压痕直径来计算硬度，如图 2-5 所示。

布氏硬度值用球面压痕单位面积上所承受的平均压力来表示，所以布氏硬度是有单位的，其单位为 MPa，但一般均不标出，用符号 HBW 表示，即

$$HBW = \frac{F}{S} = 0.102 \times \frac{2F}{\pi D(D - \sqrt{D^2 - d^2})}$$

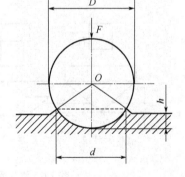

式中，F——实验力（N）；

S——球面压痕表面积（mm^2）；

D——压头直径（mm）；

d——压痕平均直径（mm）。

图 2-5　布氏硬度的概念

在实际应用中，布氏硬度值一般不需要计算，而是用专用的刻度放大镜量出压痕直径，再从压痕与硬度对照表中查出相应的布氏硬度值。

（2）布氏硬度的表示方法

布氏硬度用硬度值、硬度符号、压头直径、实验力及实验保持时间表示。当保持时间为

10～15s 时可不标。

例如 170HBW10/1000/30 表示用直径为 10mm 的压头，9807N（1000kg）实验力作用下，保持 30s 时测得的布氏硬度值为 170；又如 600HBW1/30/20 表示用直径为 1mm 的压头，在 294.2N（30kg）实验力作用下，保持 20s 时测得的布氏硬度值为 600。

进行布氏硬度实验时，应根据被测材料种类、厚度及硬度值范围选择实验力、压头直径和实验保持时间。

（3）应用范围及优缺点

布氏硬度主要用于测定铸铁、有色金属及退火、正火、调质处理后的各种软钢等硬度较低的材料。

布氏硬度实验法，压痕直径较大，能较准确地反映材料的平均性能。由于强度和硬度间有一定的近似比例关系，因而在生产中较为常用。但由于测压痕直径费时费力，操作时间长，而且不适于测高硬度材料，压痕较大，所以只适宜对毛坯和半成品进行测试，而不宜对成品及薄壁零件进行测试。

2. 洛氏硬度

（1）洛氏硬度的定义

洛氏硬度实验是目前应用范围最广的硬度实验方法。它是采用直接测量压痕深度来确定硬度值的，如图 2-6 所示。

压头是 120° 金刚石圆锥体或直径为 1.588mm（1/16"）的淬火钢圆球。在初始实验力 F_0 作用下，试样压痕深度为 h_1，压头位置为 1—1；再加上主实验力 F_1 后，总实验力为 F_0+F_1，压头压入深度为 h_2，压头位置为 2—2；经一定时间保持后撤去主实验力 F_1，仍保留初始实验力 F_0，试样的弹性变形恢复，压头上升到 3—3 位置，而压头在主实验力作用下，压入试样深度为 h_3。当压头为 120° 金刚石圆锥体时，洛氏硬度计算式如下

$$HR = 100 - \frac{h_3}{0.002}$$

洛氏硬度无单位。实际测量时，洛氏硬度值可直接从硬度计表盘（图 2-7）上读取。

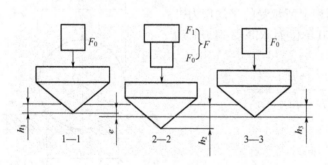

图 2-6　洛氏硬度的定义

图 2-7　洛氏硬度计表盘

（2）洛氏硬度的表示方法

符号 HR 前面的数字表示硬度值。HR 后面的字母表示不同的洛氏硬度标尺。例如 45HRC 表示用 C 标尺测定的洛氏硬度值为 45。

（3）常用洛氏硬度标尺及其适用范围

同一台硬度计，当采用不同的压头和不同的总实验力时，可组成几种不同的洛氏硬度标尺，常用的洛氏硬度标尺有 A、B、C 三种，其中 C 标尺应用最广。三种洛氏硬度标尺的实验条件和适用范围见表 2-5。

表 2-5　常用的三种洛氏硬度标尺的实验条件和适用范围

硬度标尺	压 头 类 型	总实验力（N）	硬度值有效范围	应 用 举 例
HRC	120°金刚石圆锥体	1471.0	20～67HRC	一般淬火钢
HRB	1.588mm 钢球	980.7	25～100HRB	软钢、退火钢、铜合金等
HRA	120°金刚石圆锥体	588.4	60～85HRA	硬质合金、表面淬火钢等

（4）洛氏硬度实验法的优缺点

洛氏硬度实验操作简单、迅速，可直接从表盘上读出硬度值；压痕直径很小，可以测量成品及较薄工件；测试的硬度值范围较大，可测从很软到很硬的金属材料，所以在生产中广为应用，其中 HRC 的应用尤其广泛。但由于压痕小，当材料组织不均匀时，测量值的代表性差。一般须在不同的部位测试几次，取读数的平均值代表材料的硬度。

2.2.3　冲击韧性和疲劳强度

1．冲击韧性

许多机械零件在工作中往往要受到冲击载荷的作用，如活塞销、锻锤杆、冲模、锻模等。制造此类零件所用材料必须考虑其抗冲击载荷的能力，金属材料抵抗冲击载荷作用而不破坏的能力称为冲击韧性。材料的冲击韧性用一次摆锤冲击弯曲实验来测定。

将被测材料加工成如图 2-8 所示的冲击试样。

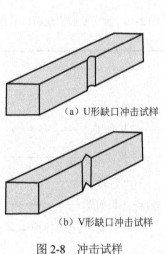

（a）U形缺口冲击试样

（b）V形缺口冲击试样

图 2-8　冲击试样

图 2-9　一次摆锤冲击试验机

根据国家标准（GB229—1994），常用带有 U 形或 V 形缺口的 10mm×10mm×55mm 的试样，一次摆锤冲击试验机如图 2-9 所示。

试样从一定高度被击断后，缺口处单位横截面面积上吸收的功，即表示冲击韧度值。

$$\alpha_k = \frac{A_k}{S_0}$$

式中，α_k——冲击韧度（J/cm^2），α_k值越大，材料的冲击韧性越好；

A_k——冲击吸收功（J）；

S_0——试样缺口处的横截面面积（cm^2）。

2. 疲劳强度

弹簧、曲轴、齿轮等机械零件在工作过程中所承受载荷的大小、方向随时间做周期性变化，在金属材料内部引起的应力发生周期性波动。此时，由于所承受的载荷为交变载荷，零件承受的应力虽低于材料的屈服强度，但经过长时间的工作后，仍会产生裂纹或突然发生断裂。金属这样的断裂现象称为疲劳断裂。金属材料抵抗交变载荷作用而不产生破坏的能力称为疲劳强度。疲劳强度用符号及 R_{-1} 表示。

疲劳破坏是机械零件失效的主要原因之一。据统计，在失效的机械零件中，大约有80%以上属于疲劳破坏，而且疲劳破坏前没有明显的变形，断裂前没有预兆，所以疲劳破坏经常造成重大事故。

机械零件产生疲劳破坏的原因是材料表面或内部有缺陷（如夹杂、划痕、夹角等）。显微裂纹随应力循环次数的增加而逐渐扩展，使承力面积大大减小，以致承力面积减小到不能承受所加载荷而突然断裂。疲劳断裂的零件断口如图 2-10 所示。

为了提高零件的疲劳强度，除合理选材外，细化晶粒、均匀组织、减少材料内部缺陷、改善零件的结构形式、减小零件表面粗糙度数值及采取各种表面强化的方法（如对工件表面淬火、喷丸、渗、镀等），都能取得一定的效果。

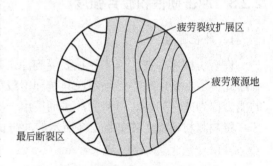

图 2-10　疲劳断裂宏观断口示意图

2.3 金属材料的工艺性能

金属材料的一般加工过程如图 2-11 所示。

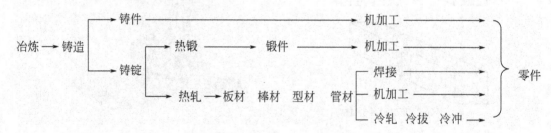

图 2-11　金属材料的一般加工过程

金属材料的工艺性能是指金属材料对不同加工工艺方法的适应能力，它包括铸造性能、锻压性能、焊接性能、切削加工性能和热处理性能等。工艺性能直接影响零件制造的工艺、质量及成本，是选材和制定零件工艺路线时必须要考虑的重要因素。

2.3.1 铸造性能

铸造是获得零件所需形状和尺寸较简便的工艺之一。尤其对笨重的大型零件更为适宜，对于小型复杂的零件亦可用精密铸造的工艺获得。但由于各种合金的铸造性能有较大的差异，因此许多合金不能通过铸造工艺来成形。

铸造性能是指铸造成形过程（图 2-12）中获得外形准确、内部健全铸件的能力。铸造性能主要取决于金属的流动性、收缩性和偏析倾向等。

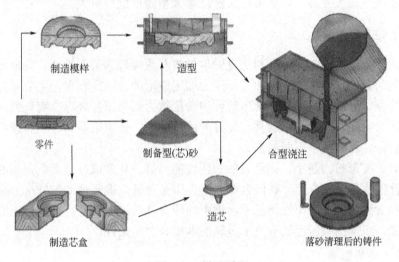

图 2-12　铸造过程

1. 流动性

熔融金属的流动能力称为流动性。合金流动性越好，液态金属充填铸型的能力就越强，因此也常将合金流动性概括为液态金属充填铸型的能力。流动性好的金属，充型能力强，能获得轮廓清晰、尺寸精确、外形完整的铸件，亦能铸造出薄而复杂的铸件。同时，流动性好，有利于液态金属中的非金属夹杂物和气体的上浮和排除，易于对液态金属在凝固过程中所产生的收缩进行补缩。

影响流动性的因素主要是化学成分和浇注的工艺条件。

在相同的浇注温度下，共晶成分的合金由于凝固温度最低，其凝固温度范围窄，因此合金的流动性最好。浇注温度高，液态金属含热量增加，黏度下降，合金流动性好。但浇注温度过高，金属的总收缩量增加，吸气增多，氧化严重，铸件易出现缩孔、疏松、粘砂、气孔等缺陷。常用铸造合金中，灰铸铁的流动性最好，铝合金次之，铸钢最差。

2. 收缩性

铸造合金由液态凝固和冷却至室温的过程中，体积和尺寸减小的现象称为收缩性。铸造合金收缩性过大会影响尺寸精度，还会在内部产生缩孔、疏松、内应力、变形和开裂等缺陷。铁碳合金中，灰铸铁收缩率小，铸钢收缩率大。

金属从浇注温度冷却到室温要经历三个互相联系的收缩阶段。

① 液态收缩：从浇注温度冷却到凝固开始温度的收缩。

② 凝固收缩：从凝固开始温度冷却到凝固终止温度的收缩。

③ 固态收缩：从凝固终止温度冷却到室温的收缩。

影响收缩的因素主要有化学成分、浇注温度、铸件结构和铸型条件等。碳素钢随含碳量增加，凝固收缩也增加，而固态收缩略减。浇注温度越高，液态收缩越大。合金在铸型中不是自由收缩，而是受阻收缩。

3. 偏析倾向

金属凝固后，内部化学成分和组织不均匀的现象称为偏析。偏析严重时，可使铸件各部分的力学性能产生很大差异，降低铸件质量，对大型铸件危害更大。

2.3.2 锻压性能

用锻压成形方法（图 2-13）获得优良锻件的难易程度称为锻压性能。将金属或合金采用形变方法得到所需的形状称为压力加工。压力加工成形的方法比较多，主要有自由锻、胎模锻、模锻、挤压、轧制及冲压等。常用塑性和变形抗力两个指标来综合衡量锻压性能。有色金属黄铜和铝合金在室温状态下就具有良好的锻压性能，青铜则差一些，而碳钢在加热状态下锻压性能较好，铸铁几乎不能锻造。

塑性越好，变形抗力越小，则金属的锻压性能越好。化学成分会影响金属的锻压性能，纯金属锻压性能优于一般合金。铁碳合金中，含碳量越低，锻压性能越好；合金钢中，合金元素的种类和含量越多，锻压性能越差，钢中的硫会降低锻压性能。金属组织的形式也会影响其锻压性能。金属的锻压性能取决于金属的本质和加工条件。

1. 化学成分的影响

化学成分不同的金属，其锻压性能不同。一般纯金属的塑性比含有合金元素的合金材料好，因此锻压性能好，含碳量低的碳素结构钢的锻压性能亦好。若钢中加入铬、钨、钼等碳化物形成元素时，锻压性能显著下降。

2. 金属显微组织的影响

金属的组织结构不同，其锻压性能不同。纯金属及其固溶体（奥氏体）具有最大的塑性和最小的变形抗力，锻压性能好。化合物和混合物（如渗碳体）硬度高，变形抗力大，塑性低，锻压性能差。合金中单相组织比多相组织锻压性能好。铸态柱状组织和粗晶粒组织不如晶粒细小而又均匀的组织锻压性能好。

3. 变形温度影响

通常随着变形温度的升高，金属的塑性增大，变形抗力下降，锻压性能好。这是由于温度升高使原子的动能增加，削弱了原子之间的吸引力，原子之间的滑移形变所需外力减小，从而改善了锻压性能。

4. 变形速度的影响

变形速度是指单位时间内的变形程度。在一定的温度下，变形速度增高，塑性降低，变形抗力增大，锻压性能差。

5. 应力状态的影响

金属在经受不同的方法进行变形时，各个方向上承受的应力大小和应力性质（压或拉）是不同的。实践证明，变形区的金属在三个方向上所受的压应力数目越多，则塑性越好；拉应力的数目越多，塑性越差。

图 2-13　锻压生产

2.3.3　焊接性能

焊接（图 2-14）性能是指金属材料对焊接加工的适应性，也就是在一定的焊接工艺条件下，获得优质焊接接头的难易程度。焊接性受材料、焊接方法、构件类型及使用要求四个因素的影响。焊接的方法多种多样，同一金属材料，采用不同的焊接工艺和焊接材料，其焊接性会有较大差别。焊接性一般包括两个方面：一是焊接接头产生工艺缺陷的倾向，即出现各种裂纹的可能性；二是焊接接头在使用中的可靠性，包括焊接接头的力学性能和特殊性能。

图 2-14　焊接

2.3.4　切削加工性能及热处理性能

1．切削加工性能

切削金属材料的难易程度称为材料的切削加工性能。一般用工件切削时的切削速度、切削抗力的大小、断屑能力、刀具的耐用度以及加工后的表面粗糙度来衡量。影响切削加工性能的因素主要有化学成分、组织状态、硬度、韧性、导热性及形变强化等。硬度低、韧性好、塑性好的材料，切屑易黏附于刀刃而形成刀瘤，切屑不易折断，致使表面粗糙度变差，并降低刀具的使用寿命；而硬度高、塑性差的材料，消耗功率大，产生热量多，并降低刀具的使用寿命。一般认为材料具有适当硬度和一定脆性时，其切削加工性能较好，例如灰铸铁比钢的切削加工性能好。

另外，切削塑性金属材料时，工件在加工表面层的硬度明显提高而塑性下降的现象称为表面加工硬化。此时在加工表面受刀具挤压产生的塑性变形部分不能恢复，因而产生的变形抗力较大，表面形变强化。当以较小的切削深度再次切削时，刀具不易切入，并使刀具易磨损，而且在加工表面硬化层常常伴有裂纹，使表面粗糙度值增大，疲劳强度下降。因此，应尽量设法消除这种现象。

2. 热处理性能

热处理是改善钢切削加工性能的重要途径，也是改善材料力学性能的重要途径。热处理性能包括淬透性、淬硬性、过热敏感性、变形开裂倾向、回火脆性倾向、氧化脱碳倾向等（这些内容将在第 4 章中详细论述）。碳钢热处理变形的程度与其含碳量有关。一般情况下，含碳量越高，变形与开裂倾向越大，而碳钢又比合金钢的变形开裂倾向严重。钢的淬硬性也主要取决于含碳量。含碳量高，材料的淬硬性好。

第 **3** 章

铁 碳 合 金

　　纯金属虽然得到一定的应用，但强度和硬度一般都较低，冶炼困难，因而价格较高，在使用上受到限制。在工业生产中广泛使用的是合金，这是因为生产中可以通过改变合金的化学成分（或组织结构）来进一步提高金属材料的力学性能，并可获得某些特殊的物理性能和化学性能（耐蚀、耐热、耐磨、电磁性能等），以满足机械零件和工程结构对材料的要求。无论金属还是合金，它们的性能取决于其结构与组织。

　　通常把以铁及铁碳为主的合金（钢铁）称为黑色金属，而把其他金属及其合金称为有色金属。常用金属材料间的关系如图 3-1 所示。

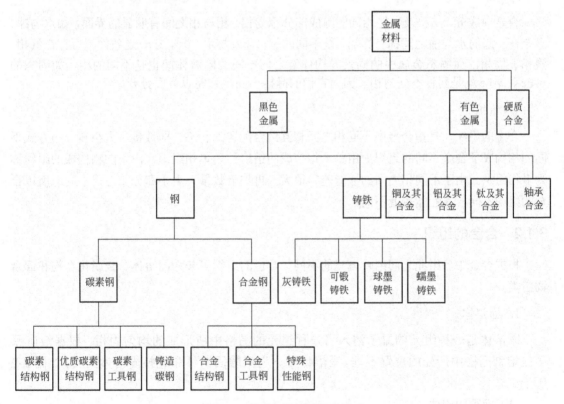

图 3-1　常用金属材料间的关系

3.1 合金及其组织

3.1.1 合金的基本概念

1. 合金

合金是以一种金属为基础，加入其他金属或非金属，经过熔炼或其他方法而获得的具有金属特性的材料，即合金是由两种或两种以上的元素所组成的金属材料。例如，工业上广泛应用的钢铁材料就是由铁和碳组成的合金。与纯金属相比，合金具有更好的力学性能，可通过调整组成元素之间的比例，获得一系列性能各异的合金，以满足工业生产对材料不同性能的要求。

2. 组元

组成合金最简单的、最基本的、能够独立存在的元物质称为组元，简称元。组元一般是指元素，但有时稳定的化合物也可以作为组元，如 Fe_3C、Al_2O_3、CaO 等。合金按组元的数目可分为二元合金、三元合金及多元合金。例如，碳素钢是由铁和碳组成的二元合金。

3. 相

合金中成分、结构及性能相同的组成部分称为相。相与相之间有明显的界面，如水与冰、混合在一起的水与油之间都有界面，是不同的相。金属与水一样，在一定条件下可存在气相、液相、固相，而固态金属中的同素异构体及它们不同的固溶体间也是不同的相，如固态的 α-Fe、γ-Fe 就是两种不同的相，因为它们的晶格不同，且能以界面分开。

4. 组织

合金的组织，是指合金中不同相之间相互组合配置的状态。即数量、大小和分布方式不同的相构成了合金不同的组织。由单一相构成的组织称为单相组织，由不同相构成的组织称为多相组织。由于不同相之间的性能差异很大，再加上数量、大小和分布方式不同，所以合金的组织不同，其性能也就不同。

3.1.2 合金的组织

根据合金中各组元之间结合方式的不同，合金的组织可分为固溶体、金属化合物和混合物三类。

1. 固溶体

固溶体是一种组元的原子溶入另一种组元的晶格中所形成的均匀固相。根据溶质原子在溶剂晶格中所处的位置不同，固溶体可分为间隙固溶体和置换固溶体两类，如图 3-2 所示。

（1）间隙固溶体

溶质原子分布于溶剂晶格中而形成的固溶体称为间隙固溶体。由于溶剂晶格的空隙很小，故能够形成间隙固溶体的溶质原子都是一些原子半径很小的非金属元素。例如，碳、氮、硼等非金属元素溶入铁中形成的固溶体，由于溶剂晶格空隙有限，因此间隙固溶体都是有限固溶体。

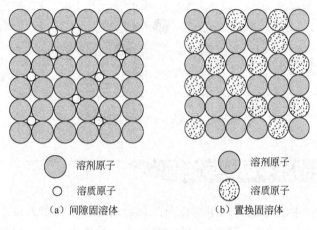

溶剂原子

溶质原子

（a）间隙固溶体

溶剂原子

溶质原子

（b）置换固溶体

图 3-2　固溶体结构示意图

（2）置换固溶体

溶质原子置换了溶剂晶格节点上的某些原子而形成的固溶体称为置换固溶体。在置换固溶体中，若溶质与溶剂电子结构相似，原子半径差别小，在元素周期表中位置相近，则溶解度大；若晶格类型也相同，则可形成无限固溶体。例如，铜与镍、铁与铬的合金就可以形成无限固溶体。

2. 金属化合物

在合金中，当溶质含量超过固溶体的溶解度时，除可形成固溶体外，还将出现新的相，其晶体结构不同于任一组元，而是组元之间相互作用形成一种具有金属特性的物质，称为金属化合物。金属化合物可用化学分子式来表示。

金属化合物一般具有复杂的晶格结构，其性能具有"三高一稳定"的特点，即高熔点、高硬度、高脆性和良好的化学稳定性。当合金中出现金属化合物时，通常能提高合金的强度、硬度和耐磨性，但会降低塑性和韧性。金属化合物是各类合金钢、硬质合金和许多有色金属的重要组成相。

3. 混合物

两种或两种以上的相按一定的质量百分数组成的物质称为混合物，混合物中的组成部分可以是纯金属、固溶体或化合物各自的混合，也可以是它们之间的混合。混合物中的各相仍保持自己原来的晶格。混合物的性能取决于各组成相的性能，以及它们分布的形态、数量及大小。

以上三种组织形式中，固溶体和金属化合物属单相组织，而混合物属多相组织。如图 3-3 所示，无论是间隙固溶体还是置换固溶体，在其形成过程中，都会使溶剂晶格发生畸变，从而使合金对变形的抗力增加。这种通过溶入溶质元素形成固溶体而使金属材料强度、硬度提高的现象称为固溶强化。

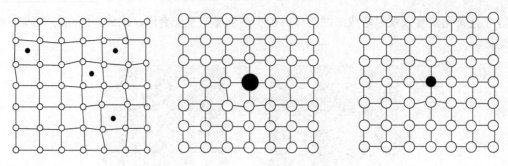

图 3-3　形成固溶体时的晶格畸变

3.2 铁碳合金的基本组织与性能

　　钢铁是现代工业中应用最为广泛的合金，它们均是以铁和碳为基本组元的合金，又称铁碳合金。铁碳合金是将碳用某种适当的冶金方法加到铁中，使它们结合而形成的一种具有金属特征的新物质。由于钢铁材料的成分（含碳量）不同，因此其组织、性能和应用场合也不同。

　　化学成分和组织是决定铁碳合金材料性能的两大内在因素。研究组织的方法，主要是通过金相显微镜来观察合金的显微组织。铁碳合金的基本组织有铁素体、奥氏体、渗碳体、珠光体和莱氏体。

3.2.1　铁素体

　　碳溶解在 α-Fe 中形成的间隙固溶体称为铁素体，用符号 F 表示。其晶胞示意图如图 3-4 所示。由于 α-Fe 是体心立方晶格，晶格间隙较小，所以碳在 α-Fe 中的溶解度很小。铁素体是钢的五种组织中含碳量最低的组织，其室温性能接近于纯铁，即具有良好的塑性、韧性，较低的强度、硬度。图 3-5 所示为铁素体的显微组织。

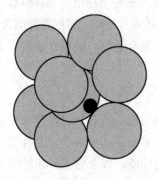

图 3-4　铁素体的晶胞示意图

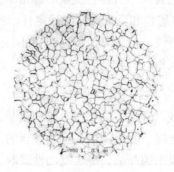

图 3-5　铁素体的显微组织

3.2.2　奥氏体

　　碳溶于 γ-Fe 中形成的间隙固溶体称为奥氏体，用符号 A 表示。其晶胞示意图如图 3-6 所示。由于 γ-Fe 是在高温状态下存在的面心立方晶格结构，晶格间隙较大，故奥氏体的溶碳能力较强，在 1148℃时溶碳能力可达 2.11%。随着温度的下降，溶解度逐渐减小，在 727℃时溶碳能力为 0.77%。

奥氏体的含碳量虽比铁素体高，但其呈面心立方晶格，强度、硬度虽不高，却具有良好的塑性，尤其是具有良好的锻压性能。奥氏体存在于 727℃ 以上的高温范围内，无室温组织。图 3-7 所示为其显微组织。

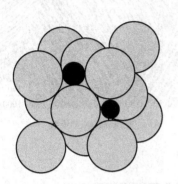

图 3-6 奥氏体的晶胞示意图

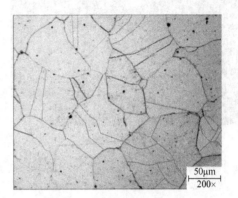

图 3-7 奥氏体的显微组织

3.2.3 渗碳体

渗碳体是含碳量为 6.69% 的铁与碳的金属化合物，其化学式为 FeC。它具有复杂的斜方晶格，与铁和碳的晶体结构完全不同，如图 3-8 所示。渗碳体的性能特点是高熔点（1227℃）、高硬度（950～1050HV），塑性和韧性几乎为零，脆性极大。渗碳体是钢中的主要强化相，在钢或铸铁中可以片状、球状或网状分布。分布形态对钢的力学性能影响很大，在适当的条件下（如高温长期停留或极缓慢冷却），渗碳体可分解为铁和石墨状的自由碳，这对铸铁的形成过程具有重要意义。

3.2.4 珠光体

珠光体是铁素体和渗碳体的混合物，用符号 P 表示。它是渗碳体和铁素体片层相间、交替排列形成的混合物。碳含量为 0.77% 的奥氏体在共析温度转变成铁素体与渗碳体的机械混合物。其显微组织如图 3-9 所示，其中白色为铁素体基体，黑色线条为渗碳体。在缓慢冷却条件下，珠

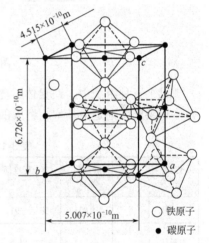

图 3-8 渗碳体的晶胞示意图

光体的含碳量为 0.77%，由于珠光体是由硬的渗碳体和软的铁素体组成的混合物，因此其力学性能是两者的综合，强度较高，硬度适中，具有一定的塑性。

3.2.5 莱氏体

莱氏体是奥氏体和渗碳体的混合物，用符号 Ld 表示。它是含碳量为 4.3% 的液态铁碳合金在 1148℃ 时的共晶产物。当温度降到 727℃ 时，由于莱氏体中的奥氏体将转变为珠光体，所以室温下的莱氏体由珠光体和渗碳体组成，这种混合物称为低温莱氏体，用符号 L′d 表示，图 3-10 所示为低温莱氏体的显微组织，由于莱氏体的基体是渗碳体，所以它的性能接近于渗

碳体，硬度很高，塑性很差。

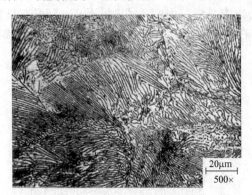
（a）光学显微镜观察组织

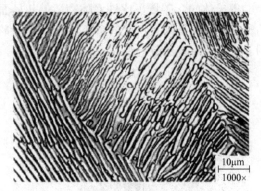
（b）电子显微镜观察组织

图 3-9　珠光体的显微组织

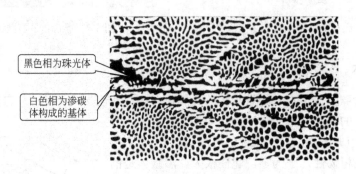

黑色相为珠光体

白色相为渗碳体构成的基体

图 3-10　低温莱氏体的显微组织

以上五种组织中，铁素体、奥氏体和渗碳体都是单相组织，称为铁碳合金的基本相；珠光体和莱氏体则是由基本相组成的多相组织。表 3-1 所列为铁碳合金基本组织的性能及特点。

表 3-1　铁碳合金基本组织的性能及特点

组织名称	符号	含碳量（%）	存在温度区间（℃）	力学性能			性能特点
				R_m（MPa）	$A_{11.3}$（%）	HBW	
铁素体	F	~0.0218	室温~912	180~280	30~50	50~80	具有良好的塑性、韧性，较低的强度、硬度
奥氏体	A	~2.11	727 以上	—	40~60	120~220	强度、硬度虽不高，却具有良好的塑性，尤其是具有良好的锻压性能
渗碳体	Fe_3C	6.69	室温~1148	30	0	~800	高熔点，高硬度、塑性和韧性几乎为零，脆性极大
珠光体	P	0.77	室温~727	800	20~35	180	强度较高，硬度适中，有一定的塑性，具有较好的综合力学性能
莱氏体	L'd	4.30	室温~727	—	0	>700	性能接近于渗碳体，硬度很高，塑性、韧性极差
	Ld		727~1148	—	—	—	

3.3　铁碳合金相图

合金中组织的形成和变化，与合金的成分及结晶过程的条件（温度、冷却速度等）有着密切的联系。合金相图是研究这种关系的有效工具。铁碳合金相图是用以表示碳钢和铸铁中不同成分-温度-组织状态三者之间关系的一种图解。它综合表达了含碳量和温度对合金组织的影响，还反映了不同成分和温度下合金系中各相的平衡关系。

铁碳合金相图是表示在缓慢冷却（或缓慢加热）条件下，不同成分的铁碳合金的状态或组织随温度变化的图形。铁碳合金相图是研究铁碳合金的基础，它是研究铁碳合金的成分、温度和组织结构之间关系的图形。铁碳合金相图是人类经过长期实践并进行大量科学实验总结出来的。

3.3.1 铁碳合金相图的组成

在铁碳合金中，铁和碳可以形成一系列的化合物，如 Fe_3C、Fe_2C、FeC 等。而生产中实际使用的铁碳合金，其含碳量一般不超过 5%。因为含碳量更高的材料脆性太大，难以加工，没有实用价值，因此，只研究相图中含碳量为 0%～6.69% 的部分。而这部分的铁碳化合物只有 Fe_3C，故铁碳合金相图也可以认为是 $Fe\text{-}Fe_3C$ 相图。

为了便于掌握和分析 $Fe\text{-}Fe_3C$ 相图，将相图上实用意义不大的部分省略，经简化后的 $Fe\text{-}Fe_3C$ 相图如图 3-11 所示。图中纵坐标为温度，横坐标为含碳量的质量百分数。

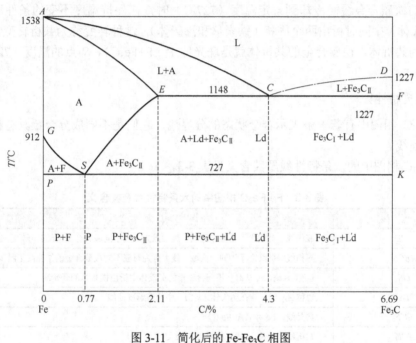

图 3-11　简化后的 $Fe\text{-}Fe_3C$ 相图

3.3.2　$Fe\text{-}Fe_3C$ 相图中特性点、线的含义

$Fe\text{-}Fe_3C$ 相图中有七个特性点及六条特性线，当了解了这些点、线的含义后，就可以把一个看似复杂的相图分割成不同的区域，当成分（含碳量）和温度变化时，按一定规律可分析出各区域产生的组织。

1. 主要特性点

$Fe\text{-}Fe_3C$ 相图中的七个特性点及其温度、含碳量和含义见表 3-2。

表 3-2　Fe-Fe₃C 相图中的七个特性点及其温度、含碳量和含义

点的符号	温度（℃）	含碳量（%）	含　义
A	1538	0	纯铁的熔点
C	1148	4.3	共晶点，Lc⇔（A+Fe₃C）
D	1227	6.69	渗碳体的熔点
E	1148	2.11	碳在奥氏体（γ-Fe）中的最大溶解度点
G	912	0	纯铁的同素异构转变点，α-Fe⇔γ-Fe
S	727	0.77	共析点，As⇔（F+Fe₃C）
P	727	0.0218	碳在铁素体（α-Fe）中的最大溶解度点

（1）共晶点 C

高温的铁碳合金液体缓慢冷却到一定温度（1148℃）时，在保持温度不变的条件下，从一个液相中同时结晶出两种固相（奥氏体和渗碳体），这种转变称为共晶转变。共晶转变的产物称为共晶体，铁碳合金的共晶体就是莱氏体 Ld（A+Fe₃C）。C 点的温度（1148℃）称为共晶温度。

（2）共析点 S

固相的铁碳合金缓慢冷却到一定温度（727℃）时，在保持温度不变的条件下，从一个固相（奥氏体）中同时析出两个固相（铁素体和渗碳体），这种转变称为共析转变。共析转变的产物称为共析体，铁碳合金的共析体就是珠光体 P（F+Fe₃C）。S 点的温度（727℃）称为共析温度。

2. 主要特性线

Fe-Fe₃C 相图中有若干条表示合金状态的分界线，它们是不同成分合金具有相同含义的临界点的连线。

Fe-Fe₃C 相图中的六条特性线及其含义见表 3-3。

表 3-3　Fe-Fe₃C 相图中的六条特性线及其含义

特 性 线	含　义
ACD	液相线，此线之上为液相区域，线上点为对应不同成分合金的结晶开始温度
$AECF$	固相线，此线之下为固相区域，线上点为对应不同成分合金的结晶终了温度
GS	也称 A₃ 线，冷却时从不同含碳量的奥氏体中析出铁素体的开始线
ES	也称 A_cm 线，碳在奥氏体（γ-Fe）中的溶解度曲线
ECF	共晶线，Lc ⇔（A+Fe₃C）
PSK	共析线，也称 A₁ 线，As⇔（F+Fe₃C）

（1）ACD 线

液相线，此线以上区域全部为液相，称为液相区，用 L 表示，对应成分的液态合金冷却到此线上的对应点时开始结晶。在 AC 线以下结晶出奥氏体，在 CD 线以下结晶出渗碳体（称为一次渗碳体 Fe₃C₁）。

（2）$AECF$ 线

固相线，对应成分的液态合金冷却到此线上的对应点时完成结晶过程，变为固态，此线以下为固相区。在液相线与固相线之间是液态合金从开始结晶到结晶终了的过渡区，所以此

区域液相与固相并存。

AEC 区内为液相合金与固相奥氏体，*CDF* 区内为液相合金与固相渗碳体。

（3）*GS* 线

奥氏体冷却时析出铁素体的开始线（或加热时铁素体转变成奥氏体的终止线），又称 A_3 线。奥氏体向铁素体的转变是铁发生同素异构转变的结果。

（4）*ES* 线

碳在奥氏体中的溶解度曲线，又称 A_{cm} 线。随着温度的变化，奥氏体的溶碳能力沿该线上的对应点变化。在 1148℃时，碳在奥氏体中的溶解度为 2.11%（*E* 点的含碳量），在 727℃时降到 0.77%（*S* 点的含碳量）在 *AGSE* 区内为单相奥氏体。含碳量较高（>0.77%）的奥氏体，在从 1148℃缓冷到 727℃的过程中，由于其溶碳能力降低，多余的碳会以渗碳体的形式从奥氏体中析出，称为二次渗碳体（Fe_3C_{II}）。

（5）*ECF* 线

共晶线。当不同成分液态合金冷却到此线（1148℃）时，在此之前已结晶出部分固相（A 或 Fe_3C），剩余液态合金的含碳量变为 4.3%，将发生共晶转变，从剩余液态合金中同时结晶出奥氏体和渗碳体的混合物，即莱氏体（Ld）。共晶转变是一种可逆转变。

（6）*PSK* 线

共析线，又称 A_1 线。当合金冷却到此线时（727℃）将发生共析转变。从合金的奥氏体中同时析出铁素体和渗碳体的混合物，即珠光体（P）。共析转变也是一种可逆转变。

3.3.3　铁碳合金的分类

按含碳量不同，铁碳合金的室温组织可分为工业纯铁、钢和白口铸铁。其中，把含碳量小于 0.0218% 的铁碳合金称为纯铁，把含碳量大于 0.0218% 而小于 2.11% 的铁碳合金称为钢，把含碳量大于 2.11% 的铁碳合金称为铸铁。

3.3.4　铁碳合金的成分、组织与性能的关系

分析铁碳合金的室温组织不难发现，随含碳量的不同，其组织顺序为 $F \rightarrow F+P \rightarrow P \rightarrow P+Fe_3C \rightarrow P+Fe_3C+L'd \rightarrow L'd \rightarrow L'd+Fe_3C_{I}$。其中的珠光体（P）和低温莱氏体（L'd）由铁素体和渗碳体组成，因此可认为铁碳合金的室温组织都是由铁素体和渗碳体组成的，但含碳量不同时，铁素体和渗碳体的相对量会有变化。含碳量越高，铁素体数量越少，而渗碳体数量越多。

铁碳合金的成分不但对其组织有上述影响，对其性能也有影响。含碳量越高，钢的强度、硬度越高，而塑性、韧性越低，在钢经过热处理后表现更加明显。这主要是因为含碳量越高，钢中的硬脆相 Fe_3C 越多的缘故。当含碳量超过 0.9% 后，由于脆而硬的二次渗碳体沿晶界析出，随二次渗碳体数量增加，形成网状分布，将钢中的珠光体组织割裂开来，使钢的强度有所降低。因此，对于碳素钢及低、中合金钢来说，其含碳量一般不超过 1.3%。

3.3.5　Fe-Fe₃C 相图的应用

铁碳合金相图表明含碳量不同时，其组织、性能的变化规律，也揭示了相同成分在不同温度时组织和性能的变化。这除可作为选用材料的重要依据外，还可作为制定铸、锻、热处理等热加工工艺的依据。

1. 作为选材的依据

碳对铁碳合金的组织和性能有着重大的影响。不同成分的铁碳合金在机械性能和工艺性能等方面产生了极大的差异，在设计和生产中，通常是根据机械零件或工程构件的使用性能来选择钢的成分（钢号）。例如，要求塑性、韧性及焊接性能好，但强度、硬度要求不高时，应选用低碳钢；而机器的主轴或车辆的转轴要求有较好的综合性能，则应选用中碳钢；车刀、钻头等工具应选用高碳钢。白口铸铁中由于莱氏体的存在而具有很高的硬度和耐磨性，但脆性大，难以加工，其应用受到一定限制，通常可作为生产可锻铸铁的原料或直接铸成不受冲击而耐磨的轧辊、犁铧等。

2. 在铸造生产中的应用

在铸造方面，浇注温度必须高于钢铁的熔点，因此，在铁碳合金相图上根据钢铁的成分，可从液相线上查出相应的温度，取高于这个温度作为浇注温度。除了浇注温度以外，铸造性能（包括流动性和凝固收缩倾向等）也与相图有关。图 3-12 给出了钢和铸铁的浇注区。可以看出，钢的熔化温度与浇注温度均比铸铁高。而铸铁中靠近共晶成分的铁碳合金不仅熔点低，而且凝固温度区间小，有较好的铸造流动性，适于铸造。

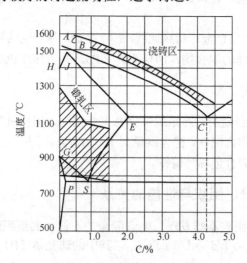

图 3-12　Fe-Fe₃C 相图与铸、锻工艺的关系

3. 在锻造工艺上的应用

钢经加热后获得单相的奥氏体组织。其强度低，塑性好，易于塑性变形加工。因此，钢材轧制或锻造的温度范围多选在单一奥氏体区，但始锻温度不得过高，以免钢材在锻轧时严重氧化，甚至因晶界熔化而碎裂；终锻温度也不得过低，否则钢材因塑性太差，易在锻轧过程中产生裂纹。不同成分碳素钢轧制或锻造的合适温度范围如图 3-12 所示。

4. 在热处理工艺上的应用

Fe-Fe₃C 相图中的左下角部分是钢进行热处理的重要依据，不同含碳量的钢在加热和冷却时发生相变的规律和具体温度，是对不同含碳量的钢采用不同热处理工艺时确定加热温度的重要依据。

3.4 碳素钢

碳素钢简称碳钢，是最基本的铁碳合金。它是指在冶炼时没有特意加入合金元素，且含碳量大于 0.0218%而小于 2.11%的铁碳合金。由于碳钢容易冶炼，价格便宜，具有较好的力学性能和优良的工艺性能，可满足一般机械零件、工具和日常轻工产品的使用要求。因此，碳钢在机械制造、建筑、交通运输等许多部门中得到广泛的应用。

3.4.1 钢中常存元素及其对性能的影响

碳素钢中除铁和碳两种元素外，还不可避免地在冶炼过程中从生铁、脱氧剂等炉料中加入一些其他杂质元素，其中主要有硅、锰、硫、磷等元素，这些元素的存在必然会对钢的性能产生一定的影响。

1. 锰

锰是钢中的有益元素，是炼钢时用锰铁脱氧而残留在钢中的。锰有很好的脱氧能力，还可以与硫形成 MnS，从而消除了硫的有害作用。锰作为杂质一般应不超过 0.8%。

2. 硅

硅也是钢中的有益元素，它是作为脱氧剂而进入钢的，硅的脱氧能力比锰还强，能提高钢的强度及质量，硅作为杂质一般应不超过 0.4%。

3. 硫

硫是钢中的有害元素，常以 FeS 形式存在，FeS 与 Fe 形成低熔点的共晶体，熔点为 985℃，分布在晶界中，当钢材在 1000～1200℃进行压力加工时，共晶体熔化，使钢材变脆，这种现象称为热脆性。为了避免热脆，钢中含硫量必须严格控制，通常应使 $W_S<0.05\%$。

4. 磷

磷也是钢中的有害元素，它使钢在低温时变脆，这种现象称为冷脆性。因此，钢中含磷量也要严格控制，通常应使 $W_P<0.045\%$。

5. 氢

钢中氢会造成氢脆、白点等缺陷，是有害元素。

3.4.2 碳素钢的分类

1. 按钢的含碳量分类

① 低碳钢：$W_C \leqslant 0.25\%$。
② 中碳钢：$W_C = 0.25\% \sim 0.60\%$。
③ 高碳钢：$W_C \geqslant 0.60\%$。

2. 按钢的质量分类

根据钢中的有害元素硫、磷含量多少可分为以下几种。

① 普通钢：$W_S \leqslant 0.050\%$，$W_P \leqslant 0.045\%$。

② 优质钢：$W_S \leqslant 0.035\%$，$W_P \leqslant 0.035\%$。

③ 高级优质钢：$W_S \leqslant 0.025\%$，$W_P \leqslant 0.025\%$。

3. 按钢的用途分类

① 结构钢。

其主要用于制造建筑结构件、工程结构件和各种机械零件。其中，制造建筑结构件、工程结构件主要用（普通）碳素结构钢，而机械零件制造多用优质碳素结构钢。结构钢的含碳量一般均小于 0.70%。

② 工具钢。

其主要用于制造各种刀具、量具和模具等，其含碳量一般均大于 0.70%。

4. 按冶炼时脱氧程度的不同分类

根据炼钢末期脱氧程度的不同，碳素钢又可分为以下几类。

① 沸腾钢：脱氧程度不完全的钢。

② 镇静钢：脱氧程度完全的钢。

③ 半镇静钢：脱氧程度介于沸腾钢和镇静钢之间的钢。

3.4.3　碳素钢牌号及用途

我国钢材的牌号用化学元素符号、汉语拼音字母和阿拉伯数字相结合的方法来表示。

1. （普通）碳素结构钢

碳素结构钢是工程中应用最多的钢种，其产量占钢总产量的 70%～80%。碳素结构钢的杂质和非金属夹杂物较多，但冶炼容易，工艺性好，价格便宜，产量大，在性能上能满足一般工程结构及普通零件的要求，因而应用普遍。碳素结构钢通常轧制成钢板和各种型材，用于厂房、桥梁、船舶等建筑结构或一些受力不大的机械零件，如铆钉、螺钉、螺母等。

根据国家标准（GB700—1988）规定，碳素结构钢牌号由以下四部分组成：

① 屈服强度字母，Q 表示屈服强度，为"屈"字汉语拼音字母字头。

② 屈服强度数值，单位为 MPa。

③ 质量等级符号，分为 A、B、C、D 级，从 A 到 D 依次提高。

④ 脱氧方法符号，F 表示沸腾钢，b 表示半镇静钢，Z 表示镇静钢，TZ 表示特殊镇静钢，符号 Z 与 TZ 在钢号组成表示方法中予以省略。

例如，Q235AF 表示屈服强度为 235MPa 的 A 级沸腾钢，如图 3-13 所示。

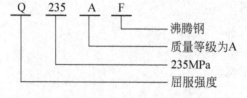

图 3-13　碳素结构钢牌号说明

碳素结构钢的牌号、化学成分及力学性能见表 3-4。

表 3-4 碳素结构钢的牌号、化学成分及力学性能

牌号	等级	化学成分（%）					脱氧方法	力学性能		
		W_C	W_{Mn}	W_{Si}	W_S	W_P		R_{eL} (MPa)	R_m (MPa)	A (%)
				不大于						
Q195	—	0.06～0.12	0.25～0.50	0.30	0.050	0.045	F、b、Z	195	315～390	33
Q215	A	0.09～0.15	0.25～0.55	0.30	0.050	0.045	F、b、Z	215	335～450	31
	B				0.045					
Q235	A	0.14～0.22	0.30～0.65	0.30	0.050	0.045	F、b、Z	235	375～460	26
	B	0.12～0.20	0.30～0.70		0.045					
	C	≤0.18	0.35～0.80	0.30	0.040	0.040	Z、TZ			
	D	≤0.17			0.035	0.035				
Q255	A	0.18～0.28	0.40～0.70	0.30	0.050	0.045	Z	255	410～550	24
	B				0.045					
Q275	—	0.28～0.38	0.50～0.80	0.35	0.050	0.045	Z	275	490～630	20

注：表中所列力学性能指标为热轧状态试样测得。

2. 优质碳素结构钢

优质碳素结构钢的牌号是按化学成分和力学性能确定的，钢中所含硫、磷及非金属夹杂物较少，常用于制造重要的机械零件，使用前一般都要经过热处理来改善力学性能。

优质碳素结构钢的牌号用两位数字表示，这两位数字表示该钢平均含碳量的万分数，例如 45 表示平均含碳量为 0.45%的优质碳素结构钢；08 表示平均含碳量为 0.08%的优质碳素结构钢。

优质碳素结构钢根据钢中含锰量的不同，分为普通含锰量钢（W_{Mn}=0.35%～0.80%）和较高含锰量钢（W_{Mn}=0.70%～1.2%）两组。较高含锰量钢在牌号后面标出元素符号 Mn，例如 50Mn。若为沸腾钢或为了适应各种专门用途的某些专用钢，则在牌号后面标出规定的符号，例如 10F 为平均含碳量为 0.10%的优质碳素结构钢中的沸腾钢，20g 为平均含碳量为 0.20%的优质碳素结构钢中的锅炉用钢。优质碳素结构钢的牌号、化学成分及力学性能见表 3-5。

表 3-5 优质碳素结构钢的牌号、化学成分及力学性能

牌号	化学成分（%）			力学性能						
	W_C	W_S	W_{Mn}	R_{eL}	R_m	A	Z	α_k	HBW	
				MPa		%		J/cm^2	热轧钢	退火钢
				不小于					不大于	
08F	0.05～0.11	≤0.03	0.25～0.50	175	295	35	60	—	131	—
08	0.05～0.12	0.17～0.37	0.35～0.65	195	325	33	60	—	131	—
10F	0.07～0.14	≤0.07	0.25～0.50	185	315	33	55	—	137	—
10	0.07～0.14	0.17～0.37	0.35～0.65	205	335	31	55	—	137	—
15F	0.12～0.19	～0.07	0.25～0.50	205	355	29	55	—	143	—
15	0.12～0.19	0.17～0.37	0.35～0.65	225	375	27	55	—	143	—
20	0.17～0.24	0.17～0.37	0.35～0.65	245	410	25	55	—	156	—
25	0.22～0.30	0.17～0.37	0.50～0.80	275	450	23	50	88.3	170	—

牌号	化学成分（%）			力 学 性 能						
				R_{eL}	R_m	A	Z	α_k	HBW	
	W_C	W_S	W_{Mn}	MPa		%		J/cm²	热轧钢	退火钢
				不小于					不大于	
30	0.27～0.35	0.17～0.37	0.50～0.80	295	490	21	50	78.5	179	—
35	0.32～0.40	0.17～0.37	0.50～0.80	315	530	20	45	68.7	187	
40	0.37～0.45	0.17～0.37	0.50～0.80	335	570	19	45	58.8	217	187
45	0.42～0.50	0.17～0.37	0.50～0.80	355	600	16	40	49	241	197
50	0.47～0.55	0.17～0.37	0.50～0.85	375	630	14	40	39.2	241	207
55	0.52～0.60	0.17～0.37	0.50～0.80	380	645	13	35	—	255	217
60	0.57～0.65	0.17～0.37	0.50～0.80	400	675	12	35	—	255	229
65	0.62～0.70	0.17～0.37	0.50～0.80	410	695	10	30	—	255	229
70	0.67～0.75	0.17～0.37	0.50～0.80	420	715	9	30	—	269	229
75	0.72～0.80	0.17～0.37	0.50～0.80	880	1080	7	30	—	285	241
80	0.77～0.85	0.17～0.37	0.50～0.80	930	1080	6	30	—	285	241
85	0.82～0.90	0.17～0.37	0.50～0.80	980	1130	6	30	—	302	255
15Mn	0.12～0.19	0.17～0.37	0.50～0.80	245	410	26	55	—	163	—
20Mn	0.17～0.24	0.17～0.37	0.70～1.00	275	450	24	50	—	197	—
25 Mn	0.22～0.30	0.17～0.37	0.70～1.00	295	490	22	50	88.3	207	—
30Mn	0.27～0.35	0.17～0.37	0.70～1.00	315	540	20	45	78.5	217	187
35Mn	0.32～0.40	0.17～0.37	0.70～1.00	335	560	19	45	68.7	229	195
40Mn	0.37～0.45	0.17～0.37	0.70～1.00	355	590	17	45	58.8	229	207
45Mn	0.42～0.50	0.17～0.37	0.70～1.00	375	620	15	40	49	241	217
50Mn	0.48～0.56	0.17～0.37	0.70～1.00	390	645	13	40	39.2	255	217
60Mn	0.57～0.65	0.17～0.37	0.70～1.00	410	695	11	35	—	269	229
65Mn	0.62～0.70	0.17～0.37	0.90～1.20	430	735	9	30	—	285	229
70Mn	0.67～0.75	0.17～0.37	0.90～1.20	450	785	8	30	—	285	229

08～25 钢的含碳量低，属低碳钢。这类钢的强度、硬度较低，塑性、韧性及焊接性能良好，主要用于制造冲压件、焊接结构件及强度要求不高的机械零件、渗碳件，如压力容器、小轴、销子、法兰盘、螺钉和垫圈等。

30～55 钢属中碳钢。这类钢具有较高的强度和硬度，其塑性和韧性随含碳量的增加而逐步降低，切削性能良好。这类钢经调质后，能获得较好的综合力学性能，主要用于制造受力较大的机械零件，如连杆、曲轴、齿轮和联轴器等。

60 钢以上的牌号属于高碳钢。这类钢具有较高的强度、硬度和弹性，但焊接性能不好，切削性能稍差，冷变形塑性差，主要用于制造具有较高强度、耐磨性和弹性的零件，如弹簧垫圈、板簧和螺旋弹簧等弹性零件及耐磨零件。

3. 碳素工具钢

碳素工具钢用于制造刀具、模具和量具。由于大多数工具都要求高硬度和高耐磨性，故碳素工具钢含碳量均在 0.70% 以上，都是优质钢或高级优质钢。

碳素工具钢的牌号以汉字"碳"的汉语拼音字母字头"T"及后面的阿拉伯数字表示，其数字表示钢中平均含碳量的千分数。例如，T8 表示平均含碳量为 0.80% 的优质碳素工具钢。若为高级优质碳素工具钢，则在其牌号后面标以字母 A。

例如，T12A 表示平均含碳量为 12% 的高级优质碳素工具钢，如图 3-14 所示。

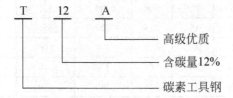

图 3-14　碳素工具钢牌号说明

碳素工具钢的牌号、化学成分及力学性能见表 3-6。

表 3-6　碳素工具钢的牌号、化学成分及力学性能

牌号	化学成分（%）					热 处 理		应 用 举 例
	W_C	W_{Mn}	W_{Si}	W_S	W_P	淬火温度（℃）	HRC（不小于）	
T7	0.65～0.75	≤0.40	≤0.35	≤0.03	≤0.035	800～820 水淬	62	受冲击，有较高硬度和耐磨性要求的工具，如木工用的錾子、锤、钻头模具等
T8	0.75～0.84					780～800 水淬		
T8Mn	0.80～0.90	0.04～0.60						
T9	0.85～0.94	≤0.40						受中等冲击载荷的工具和耐磨机件，如刨刀、冲模、丝锥、板牙、锯条、卡尺等
T10	0.95～1.04					760～780 水淬		
T11	1.05～1.14							
T12	1.15～1.24							不受冲击，而要求有较高硬度的工具和耐磨机件，如钻头、锉刀、刮刀、量具等
T13	1.25～1.35							

各种牌号的碳素工具钢经淬火后的硬度相差不大，但是随着含碳量的增加，未溶的二次渗碳体增多，钢的耐磨性增加，韧性降低。因此，不同牌号的工具钢用于制造不同使用要求的工具。

4. 铸造碳钢

铸造碳钢一般用于制造形状复杂、力学性能要求较高的机械零件。这些零件形状复杂，很难用锻造或机械加工的方法制造，且力学性能要求较高，因而不能用铸铁来铸造。铸造碳钢广泛用于制造重型机械的某些零件，如轧钢机机架、水压机横梁、锻锤和砧座等。

铸造碳钢的含碳量一般在 0.20%～0.60%，如果含碳量过高，则塑性变差，而且铸造时易产生裂纹。

铸造碳钢的牌号是由"铸钢"二字的汉语拼音字母字头"ZG"加两组数字组成：第一组数字代表屈服强度，第二组数字代表抗拉强度值。例如 ZG270-500 表示屈服强度不小于 270MPa、抗拉强度不小于 500 MPa 的铸造碳钢。

铸造碳钢的牌号、化学成分及力学性能见表 3-7。

表 3-7 铸造碳钢的牌号、化学成分及力学性能

牌　号	化学成分（%）					室温下的力学性能				
	W_C	W_{Si}	W_{Mn}	W_P	W_S	R_{el} 或 $R_{p0.2}$（MPa）	R_m（MPa）	$A_{11.3}$（%）	Z（%）	α_k（J/cm²）
	不大于					不小于				
ZG200—400	0.20	0.50	0.80	0.04		200	400	25	40	60
ZG230—450	0.30	0.50	0.90	0.04		230	450	22	32	45
ZG270—500	0.40	0.50	0.90	0.04		270	500	18	25	35
ZG370—570	0.50	0.60	0.90	0.04		370	570	15	21	30
ZG340—640	0.60	0.60	0.90	0.04		340	640	12	18	20

注：适用于壁厚 10mm 以下的铸件。

不同牌号的铸造碳钢用于制造具有不同使用要求的零件。ZG200—400 有良好的塑性、韧性和焊接性，可用于制造受力不大、要求具有一定韧性的零件，如机座、变速箱体等。ZG230—450 有一定的强度和较好的塑性、韧性及焊接性，切削性能尚可，用于制造受力不大、要求具有一定韧性的零件，如砧座、轴承盖、外壳、阀体、底板等。ZG270—500 有较高的强度和较好的塑性，铸造性能良好，焊接性较差，切削性能良好，是用途较广的铸造碳钢，用于制造轧钢机机架、连杆、箱体、缸体、曲轴、轴承座等。ZG370—570 强度和切削性能良好，塑性、韧性较差，用于制造负荷较高的零件，如大齿轮、缸体、制动轮、辊子等。ZG340—640 有较高的强度、硬度和耐磨性，切削性能中等，焊接性差，裂纹敏感性大，用于制造齿轮、棘轮等。

第 **4** 章

钢的热处理

改善钢的性能，有两个主要途径：一是调整钢的化学成分，加入合金元素，即合金化的办法；二是施行钢的热处理。这两者之间有着极为密切、相辅相成的关系。

热处理是改善金属材料使用性能和工艺性能的一种非常重要的工艺方法，热处理能充分发挥金属材料潜在性能，是强化金属材料、提高产品质量和使用寿命的主要途径之一。热处理可以是机械零件加工制造过程中的一个中间工序，如改善锻、轧、铸毛坯组织的退火或正火，消除应力、降低工件硬度、改善切削加工性能的退火等；也可以是使机械零件性能达到规定技术指标的最终工序，如经过淬火加高温回火，使机械零件获得最为良好的综合机械性能等。由此可见热处理同其他工艺过程关系的密切，热处理在机械零件加工制造过程中地位和重要作用。

4.1 热处理的原理及分类

将一根直径为 1mm 左右的弹簧钢丝剪成两段，放在酒精灯上同时加热到赤红色，然后分别放入水中和空气中冷却，冷却后用手进行弯折，对比观察两根钢丝性能的差别。

实验现象：放在水中冷却的钢丝硬而脆，很容易折断；而放在空气中冷却的钢丝较软且有较好的塑性，可以卷成圆圈而不断裂。

由这个实验可以看出，虽然钢的成分相同，加热的温度也相同，但采用不同的冷却方法，却得到了不同的力学性能。这主要是因为在不同的冷却速度情况下，钢的内部组织发生了不同的变化。

钢在不同的加热和冷却条件下，其内部组织会发生不同的变化，改变其性能，从而更广泛地适应和满足不同加工方法及使用性能的要求。

所谓热处理，就是对固态的金属或合金采用适当的方式进行加热、保温和冷却，以获得所需要的组织结构与性能的工艺。热处理工艺过程可用以温度-时间为坐标的曲线图表示。图 4-1 所示的曲线称为热处理工艺曲线。

通过恰当的热处理，不仅可以提高和改善钢的使用性能和工艺性能，而且能充分发挥材料的性能潜力，延长零件的使用寿命，提高产品的质量和经济效益。因此，热处理工艺在机械制造业中应用极为广泛。

与铸造、压力加工、焊接和切削加工等不同，热处理不改变工件的形状和尺寸，只改变工件的性能，如提高材料的强度和硬度，增加耐磨性，或者改善材料的塑性、韧性和加工性。

钢的热处理的分类如图 4-2 所示。

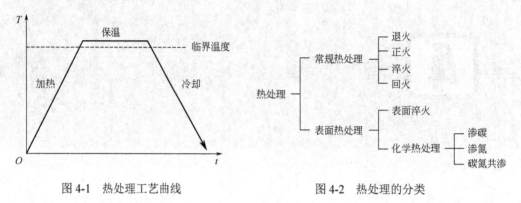

图 4-1　热处理工艺曲线　　　　　图 4-2　热处理的分类

热处理之所以能使钢的性能发生变化，其根本原因是由于铁具有同素异构转变的特性，从而使钢在加热和冷却过程中发生组织和结构上的变化。因此，要正确掌握热处理工艺，就必须了解钢在不同的加热和冷却条件下组织变化的规律。

4.2　钢在加热及冷却时的组织转变

4.2.1　钢在加热时的组织转变

1. 钢在加热和冷却时的相变温度

钢在实际加热和冷却时不可能非常缓慢，因此，钢中的相不能完全按铁碳合金相图中的 A_1、A_3 和 A_{cm} 线转变，在实际热处理生产中，不可能在平衡条件下进行加热和冷却，钢的组织转变总有滞后的现象，即在加热时钢的转变温度要高于平衡状态下的临界点，在冷却时要低于平衡状态下的临界点。为了便于区别，通常把加热时的各临界点分别用 A_{c1}、A_{c3} 和 A_{ccm} 表示，冷却时的各临界点分别用 A_{r1}、A_{r3} 和 A_{rcm} 表示，如图 4-3 所示。

加热或冷却的速度越大，组织转变偏离平衡临界点的程度也越大。

2. 奥氏体的形成

共析钢在常温时具有珠光体组织，加热到 A_{c1} 以上温度时，珠光体开始转变为奥氏体。只有使钢呈奥氏体状态，才能通过不同的冷却方式转变为不同的组织，从而获得所需要的性能。钢在加热时的组织转变，主要包括奥氏体的形成和晶粒长大两个过程，如图 4-4 所示。

3. 奥氏体晶粒的长大

当珠光体刚刚全部转变为奥氏体时，奥氏体晶粒还是很细小的。此时将奥氏体冷却后得到的组织晶粒也很细小。如果在形成奥氏体后继续升温或延长保温时间，都会使奥氏体晶粒逐渐长大。晶粒的长大是依靠较大晶粒吞并较小晶粒和晶界迁移的方式进行的，如图 4-5 所示。

钢在热处理加热后必须有保温阶段，不仅是为了使工件热透，也是为了使组织转变完全，以及保证奥氏体成分均匀。钢在加热时为了得到细小而均匀的奥氏体晶粒，必须严格控制加热温度和保温时间，以免发生晶粒粗大的现象。

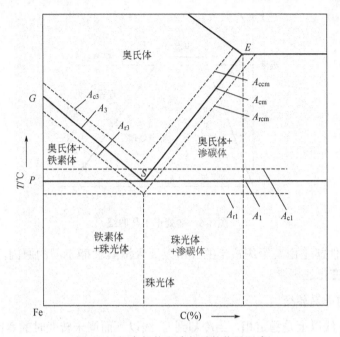

图 4-3　钢在加热和冷却时的临界温度

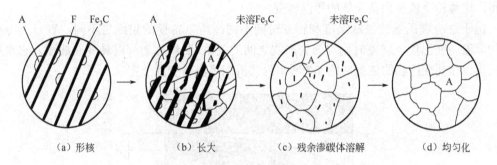

（a）形核　　　（b）长大　　　（c）残余渗碳体溶解　　　（d）均匀化

图 4-4　共析钢中奥氏体形成过程示意图

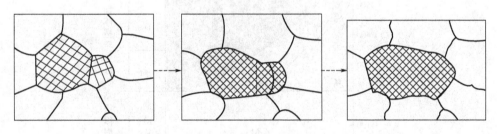

图 4-5　晶粒的吞并与长大

4.2.2　钢在冷却时的组织转变

前面的演示实验清楚地表明：虽然钢的成分和加热条件完全相同，但由于冷却速度不同，结果获得的性能明显不同。在实际生产中，钢的热处理工艺有两种冷却方式，如图 4-6 所示。

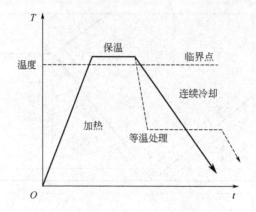

图 4-6　热处理工艺曲线

因为材料的性能是由其组织决定的，所以要弄清其性能不同的原因，首先要了解奥氏体在冷却时组织变化的规律。

1. 奥氏体的等温转变

奥氏体在 A_1 线以上是稳定相，当冷却到 A_1 线以下而尚未转变时的奥氏体称为过冷奥氏体。这是一种不稳定的过冷组织，只要经过一段时间的等温保持，就可以等温转变为稳定的新相，这种转变就称为奥氏体的等温转变。

由于过冷奥氏体的过冷温度和转变时间不同，所以转变的组织也不同。表示过冷奥氏体的等温转变温度、转变时间与转变产物之间的关系 曲线称为等温转变曲线图，它是用来分析奥氏体转变产物的依据。图 4-7 所示为共析钢等温转变曲线图。

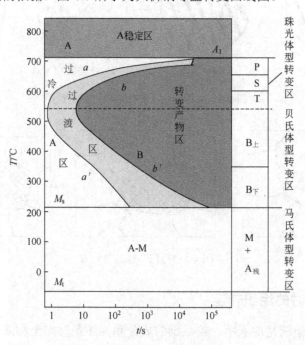

图 4-7　共析钢等温转变曲线图

可以通过等温转变曲线图来分析过冷奥氏体等温转变产物的组织和性能。从图 4-7 中可以看出过冷奥氏体在 A_1 线以下等温转变的温度不同，转变产物也不同；在 M_s 线以上，共析钢可发生珠光体型和贝氏体型两种类型的转变，当奥氏体以极快的冷却速度不穿越 C 形曲线中的 bb' 线，而直接过冷到 M_s 线以下并继续冷却时，过冷奥氏体将发生连续的马氏体型组织转变。

（1）珠光体型转变区——高温等温转变

共析钢的过冷奥氏体在 A_1～550℃温度范围内，过冷奥氏体将发生奥氏体向珠光体型的转变，即转变为铁素体和渗碳体。珠光体型转变的组织及性能特点如下。

珠光体（P）：形成温度范围为 A_1～650℃，粗片层状铁素体和渗碳体的混合物，片层间距大于 0.4μm，一般在 500 倍以下的光学显微镜下即可分辨。强度较高，硬度适中（170～220HBW），有一定的塑性，具有较好的综合力学性能。

索氏体（S）：形成温度范围为 650～600℃，索氏体为细片状珠光体，片层较薄，间距为 0.4～0.2μm，一般在 800～1000 倍的光学显微镜下才能分辨。硬度为 230～320HBW，综合力学性能优于珠光体。

屈氏体（T）：形成温度范围为 600～550℃，屈氏体为极细片状珠光体，片层极薄，间距小于 0.2μm，只有在电子显微镜（5000 倍）下才可分辨。硬度为 330～400HBW，综合力学性能优于索氏体。

在珠光体型转变区内，转变温度越低（过冷度越大），则形成的珠光体片层越细。珠光体的力学性能主要取决于片层间距的大小（相邻两片的平均间距），则珠光体的塑性变形抗力越大，强度和硬度越高。

（2）贝氏体型转变区——中温等温转变

在 550℃～M_s 温度范围内，因转变温度较低，原子的活动能力较弱，转变后得到的组织为含碳量具有一定过饱和程度的铁素体和分散的渗碳体（或碳化物）所组成的混合物，称为贝氏体，用符号 B 表示。贝氏体有上贝氏体（$B_上$）和下贝氏体（$B_下$）之分。贝氏体型转变的组织及性能特点如下。

上贝氏体（$B_上$）：形成温度范围为 550～350℃，上贝氏体中渗碳体呈较粗的片状，分布于平行排列的铁素体片层之间，它在显微镜下呈羽毛状组织。硬度为 40～45HRC，强度低，塑性很差，基本上没有使用价值。

下贝氏体（$B_下$）：形成温度范围为 350～M_s，下贝氏体中的碳化物呈细小颗粒状或短杆状，均匀分布在铁素体内，在显微镜下呈黑色针叶状组织。下贝氏体的硬度可达 45～55HRC，具有较高的强度及良好的塑性和韧性。生产中常用等温淬火的方法来获得下贝氏体组织。

上贝氏体脆性大，性能差；下贝氏体具有较高的硬度和强度，同时塑性、韧性也较好，并有较高的耐磨性和组织稳定性，是各种复杂模具、量具、刀具热处理后的一种理想组织。

（3）马氏体型转变区——低温连续转变

当钢从奥氏体区急冷到 M_s 以下时，奥氏体便开始转变为马氏体。这是一种非扩散的转变过程。由于转变温度低，原子扩散能力小，在马氏体转变过程中，只有 γ-Fe 向 α-Fe 的晶格改变，而不发生碳原子的扩散。因此，溶解在奥氏体中的碳，转变后原封不动地保留在铁的晶格中，形成碳在 α-Fe 中的过饱和固溶体，称为马氏体，用符号 M 表示。马氏体型转变的组织及性能特点如下。

低碳马氏体（M）：形成温度范围为 M_s～M_f，低碳马氏体为一束一束相互平行的细条状，也称板条状马氏体。含碳量在 0.2%左右的低碳马氏体硬度可达 45HRC，性能特点是具有良好的强度及较好的韧性。

高碳马氏体（M）：形成温度范围为 $M_s \sim M_f$，高碳马氏体断面呈针状，也称针状马氏体。高碳马氏体的硬度均在 60HRC 以上，性能特点是硬度高而脆性大。

马氏体转变有以下一些特点：

① 转变是在一定温度范围内（$M_s \sim M_f$）的连续冷却过程中进行的，马氏体的数量随转变温度的下降而不断增加，冷却一旦停止，奥氏体向马氏体的转变也就停止。

② 马氏体转变速度极快，产生很大的内应力；转变时体积发生膨胀。

③ 马氏体转变不能完全进行到底，此时未能转变的奥氏体称为残余奥氏体，用 $A_{残}$ 表示。因此，即使过冷到 M_f 以下的温度，仍有少量残余奥氏体存在。

④ 马氏体中由于溶入过多的碳而使 α-Fe 晶格发生畸变，形成碳在 α-Fe 中的过饱和固溶体，组织不稳定。

⑤ 奥氏体转变成马氏体所需的最小冷却速度称为临界冷却速度。用符号 $v_{临}$ 表示。为使奥氏体过冷至 M_s 前不发生非马氏体转变，得到马氏体组织，必须使其冷却速度大于 $v_{临}$。

马氏体的组织形态有针状和板条状两种，针状马氏体的含碳量高，硬度高而脆性大。板条状马氏体的含碳量低，具有良好的强度和较好的韧性。马氏体的硬度主要取决于马氏体中的含碳量。马氏体的含碳量越高，其硬度也越高。

2. 奥氏体的连续冷却转变

在实际热处理生产中，过冷奥氏体转变大多在连续冷却过程中进行，由于连续冷却转变图的测定比较困难，故常用连续冷却曲线与等温转变图叠加，近似地分析连续冷却转变的产物和性能（图 4-8）。

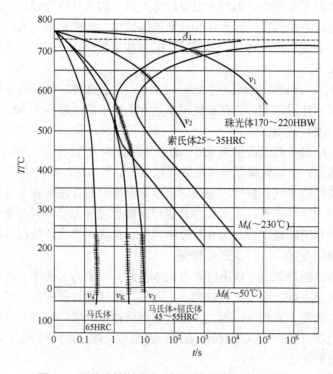

图 4-8　用等温转变曲线分析奥氏体的连续冷却转变

图 4-8 中 v_1、v_2、v_3、v_4 分别代表不同的冷却速度，根据它们同 C 形曲线相交的温度范围，可定性地确定其连续冷却转变的产物和性能。

与 C 形曲线"鼻尖"相切的冷却速度 v_K，就是冷却时获得全部马氏体的最小冷却速度——临界冷却速度（$v_临$），当奥氏体的冷却速度大于该钢的 $v_临$ 急冷到 M_s 以下时，奥氏体便不再转变为除马氏体外的其他组织。

v_1、v_2、v_3、v_4 这四种冷却速度，分别相当于热处理中常用的随炉冷却（退火）、空冷（正火）、油冷（油冷淬火）和水冷（水冷淬火）四种冷却方法。

4.3 热处理的基本方法

4.3.1 退火与正火

机械零件一般的加工工艺顺序如下：

铸造或锻造→退火或正火→机械粗加工→淬火+回火（或表面热处理）→机械精加工

从上面的顺序框图可以看出，退火或正火通常安排在机械粗加工之前进行，作为预备热处理，其作用是消除前一工序所造成的某些组织缺陷及内应力，可以改善材料的切削性能，为随后的切削加工及热处理（淬火-回火）做好组织准备。对于某些不太重要的工件，正火也可作为最终热处理。

1. 退火

退火是指将钢加热到适当温度，保持一定时间，然后缓慢冷却（一般随炉冷却）的热处理工艺。根据加热温度和目的不同，常用的退火方法有完全退火、去应力退火和球化退火，三种退火方法和应用场合见表 4-1。

表 4-1　常用退火方法

退火方法	定　义	组织特点及目的	应用场合
完全退火	将钢加热到完全奥氏体化，即加热至 A_{c3} 以上 30～50℃，保温一定时间后，随炉缓慢冷却的工艺方法	加热：组织全部转变为奥氏体；冷却：奥氏体转变为细小而均匀的铁素体和珠光体，从而达到细化晶粒，充分消除内应力，降低钢的硬度，为随后的切削加工和淬火做好组织准备的目的	主要用于中碳钢及低、中碳合金结构钢的锻件、铸件、热轧型材等，有时也用于焊接件。过共析钢不宜采用完全退火，因为过共析钢完全退火须加热到 A_{ccm} 以上，在缓慢冷却时，钢中将析出网状渗碳体，使钢的力学性能变坏
球化退火	将钢加热到 A_{c1} 以上 20～30℃，保温一定时间，以不大于 50℃/h 的速度随炉冷却，以得到球状珠光体组织的工艺方法	将片层状的珠光体转变为呈球形细小颗粒的渗碳体，弥散分布在铁素体基体之中。降低硬度，便于切削加工，防止淬火加热时奥氏体晶粒粗大，减小工件变形和开裂倾向	用于共析钢及过共析钢，如碳素工具钢、合金工具钢、滚动轴承钢等。这些钢在锻造加工以后必须进行球化退火才适于切削加工，同时也可为最后的淬火处理做好组织准备
去应力退火	将钢加热到略低于 A_1 的温度（一般取 500～650℃）保温一定时间后缓慢冷却的工艺方法	由于去应力退火时温度低于 A_1 所以钢件在去应力退火过程中不发生组织上的变化，目的是消除内应力	因为零件中存在的内应力十分有害，会使零件在加工及使用过程中发生变形，影响工件的精度。因此，锻造、铸造、焊接以及切削加工后（精度要求高）的工件，应采用去应力退火来消除内应力

退火的目的是：

① 降低硬度，提高塑性，以利于切削加工和冷变形加工。

② 细化晶粒，均匀组织，为后续热处理做好组织准备。

③ 消除残余内应力，防止工件变形与开裂。

2. 正火

正火是指将钢加热到 A_{c3} 或 A_{ccm} 以上 30～50℃，保温适当的时间后，在空气中冷却的工艺方法。由于正火的冷却速度比退火快，故正火后可得到索氏体组织（细珠光体）。组织比较细，强度、硬度比退火钢高。表 4-2 所列为 45 钢正火与退火状态的力学性能对比。

表 4-2 45 钢正火与退火状态的力学性能对比

工艺方法	R_m（MPa）	$A_{11.3}$（%）	α_k（J/cm²）	HBW
正火	700～800	15～20	50～80	～220
退火	650～700	15～20	40～60	～180

对于亚共析钢，正火的主要目的是细化晶粒，均匀组织，提高机械性能；对于力学性能要求不高的普通结构零件，正火可作为最终热处理；对于低、中碳合金结构钢，主要是调整硬度，改善切削加工性能；对于高碳的过共析钢，正火的目的是消除网状渗碳体，有利于球化退火，为淬火做好组织准备。

通常，金属材料最适合切削加工的硬度约在 170～230HBW。因此，作为预备热处理，对欲进行切削加工的钢件，应尽量使其硬度处于这一硬度范围内。

与退火相比，正火工艺周期短、成本低、性能好，所以在生产中常以正火代替退火。正火是在炉外冷却，不占用加热设备，生产周期比退火短，生产效率高，能量消耗少，工艺简单、经济，因此，低碳钢和中碳钢多采用正火来代替退火。

对于高碳钢，由于正火后硬度过高较难进行切削加工，所以不能以正火代替退火。但对于存在网状渗碳体的过共析钢，不能直接进行球化退火，必须先通过正火以消除钢中的网状渗碳体组织，再进行球化退火。

此外，对于力学性能要求不太高的零件，正火还可以作为其最终热处理（为满足最终使用要求而进行的热处理）。但若零件形状较复杂，由于正火冷却速度较快，可能会使零件产生较大的内应力和变形，甚至开裂，则以采用退火为宜。

上述三种退火和正火的加热温度范围及热处理工艺曲线如图 4-9 所示。

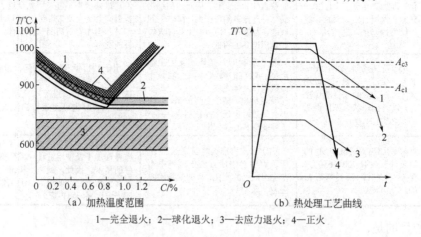

（a）加热温度范围   （b）热处理工艺曲线

1—完全退火；2—球化退火；3—去应力退火；4—正火

图 4-9 退火和正火的加热温度范围和热处理工艺曲线

制造锉刀、铣刀等刀具的材料，通常选用的都是高含碳量的碳素工具钢和合金工具钢（锉刀用 T12，铣刀用 W18Cr4V），硬度高，切削加工性能差。为使材料具有良好的切削加工性能和为最终热处理做好组织准备，在进行切削加工之前，一般应先对其进行正火（若有网状渗碳体组织），然后再进行球化退火或直接球化退火的预备热处理工艺。

4.3.2 淬火与回火

当锉刀、铣刀完成机械粗加工后，为满足其使用性能，必须再提高它们的强度、硬度并保持一定的韧性，以承受工作时受到的强烈挤压、摩擦和冲击。为此，在粗加工之后、精加工之前，还要对它们进行淬火和回火。

1. 钢的淬火

将钢件加热到 A_{c3} 或 A_{c1} 以上的适当温度，经保温后快速冷却（冷却速度大于 $v_{临}$），以获得马氏体或下贝氏体组织的热处理工艺称为淬火；淬火的目的是为了获得马氏体组织，提高钢的强度、硬度和耐磨性。

淬火是热处理工艺过程中最重要，也是最复杂的一种工艺，因为它的冷却速度很快，容易造成变形及裂纹。如果冷却速度慢，又达不到所要求的硬度，则淬火常常是决定产品最终质量的关键。为此，除了零件结构设计合理外，还要在淬火加热和冷却的操作上加以严密的考虑和采取有效的措施。

（1）淬火加热温度的选择

钢的淬火加热温度应根据 Fe-Fe₃C 相图来选择，如图 4-10 所示。具体选择温度的范围和原因见表 4-3。

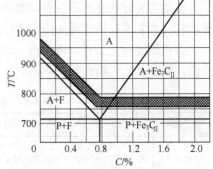

图 4-10 碳钢淬火温度范围

表 4-3 淬火加热温度的选择

钢 种	加 热 温 度	选择原因分析
亚共析钢	A_{c3} 以上 30～50℃	为了得到细晶粒的奥氏体，以便淬火后获得细小的马氏体组织。如果加热温度过高，则引起奥氏体晶粒粗化，淬火后的马氏体组织粗大，使钢脆化。若加热温度过低（A_{c1}～A_{c3}），则淬火组织中含有未溶铁素体，将降低淬火工件的硬度及力学性能
（过）共析钢	A_{c1} 以上 30～50℃	共析钢和过共析钢的零件，在粗加工前都已经进行过球化退火。因此，当把钢加热到略高于 A_{c1} 时，其组织为细小的奥氏体和均匀分布的细颗粒状渗碳体，这样，淬火后可形成在细小针状马氏体基体上均匀分布的细颗粒状渗碳体的组织。这种组织不仅耐磨性好、强度高，而且脆性也小。如果淬火加热温度选择在 A_{ccm} 以上，不仅使奥氏体晶粒粗化，淬火后得到粗大的马氏体，增大脆性及变形开裂倾向，而且残余奥氏体量也多，反而降低了钢的硬度

（2）淬火冷却介质的选择

淬火的目的是得到马氏体组织，故淬火冷却速度必须大于临界冷却速度。但冷却速度过快，工件的体积收缩及组织转变都很剧烈，从而不可避免地引起很大的内应力，容易造成工件变形及开裂。因此，淬火介质的选择是一个极其重要的问题。

要得到马氏体，淬火的冷却速度就必须大于该钢种的临界冷却速度，而快冷总是不可避免地要造成很大的内应力，往往会引起钢件的变形和开裂。因此，冷却介质对钢的理想淬火冷却速度应是"慢—快—慢"。

传统的淬火冷却介质有油、水、盐水和碱水等，它们的冷却能力依次增加。其中，水和油是目前生产中应用最广的冷却介质。其冷却特点及应用场合见表 4-4。

表 4-4　常用淬火介质的冷却特点及应用场合

介　　质	水、盐水和碱水	油
冷却特点	在 550～650℃温度范围内的冷却能力较大，但在 200～300℃温度范围内的冷却能力过强，易使淬火零件变形与开裂	油的冷却能力较低，在 200～300℃温度范围内冷却速度较慢，能减少工件变形与开裂的现象，但是在 550～650℃温度范围内冷却能力过低
应用场合	常用于尺寸不大、外形较简单的碳钢零件的淬火	对截面较大的碳钢及低合金钢不易淬硬，一般作为形状复杂的中小型合金钢零件的淬火介质

除以上介质外，目前国内外还研制了许多新型聚合物水溶液淬火介质（如聚乙烯醇水溶液），其冷却性能一般介于水和油之间，且有着良好的经济效益和环境效益，是今后淬火冷却介质应用和发展的方向。

（3）常用的淬火方法

虽然各种淬火介质不符合理想的冷却特性，但在实际生产中，可根据工件的成分、尺寸、形状和技术要求选择合适的淬火方法，最大限度地减少工件的变形和开裂。

常用的淬火方法有单液淬火、双介质淬火、马氏体分级淬火和贝氏体等温淬火四种，其方法、特点、应用场合见表 4-5。

表 4-5　常用的淬火方法、特点及应用场合

名　　称	操 作 方 法	特点及应用场合
单液淬火	将钢件奥氏体化后，在单一淬火介质中冷却到室温的处理，称为单液淬火。单液淬火时碳钢一般采用水冷淬火，合金钢采用油冷淬火	操作简单，易实现机械化、自动化。但由于单独用水或油进行冷却，冷却特性不够理想，所以容易产生硬度不足或开裂等淬火缺陷
双介质淬火	将钢件奥氏体化后，先浸入一种冷却能力强的介质中，在钢的组织还未开始转变时迅速取出，马上浸入另一种冷却能力弱的介质中，缓冷到室温，如先水后油、先油后空气等	优点是内应力小、变形及开裂少，缺点是操作困难、不易掌握，故主要应用于碳素工具钢制造的易开裂的工件，如丝锥等
马氏体分级淬火	钢件奥氏体化后，随之浸入温度稍高或稍低于钢的 M_s 点的液态介质中，保持适当时间，待钢件的内外层都达到介质温度后取出空冷，以获得马氏体组织的淬火工艺称为马氏体分级淬火	通过在风点附近的保温，使工件内外温差减到最小，可以减小淬火应力，防止工件变形和开裂。但由于盐浴的冷却能力较差，对碳钢零件，淬火后会出现非马氏体组织，因而主要应用于淬透性好的合金钢或截面不大、形状复杂的碳钢工件
贝氏体等温淬火	钢件奥氏体化后，随之快冷到贝氏体转变温度区间（260～400℃）等温保持，使奥氏体转变为下贝氏体的淬火工艺称为贝氏体等温淬火	主要目的是强化钢材，使工件获得较高的强度、硬度，较好的耐磨性和比马氏体好的韧性。可以显著地减小淬火应力，从而减少工件的淬火变形，避免淬火工件的开裂，常用于中、高碳工具钢和低碳合金钢制造的形状复杂、尺寸较小、韧性要求较高的各种器具、成形刀具等工件

现代淬火工艺方法不仅有奥氏体化直接淬火，而且还有能够控制淬火后的组织和性能及减少变形的各种淬火工艺方法，甚至可以把淬火冷却过程直接与热加工工序结合起来，如激光淬火、真空淬火、铸后淬火、锻后淬火、形变淬火等。淬火工艺方法应根据材料及其对组织、性能和工件尺寸精度的要求，在保证技术条件要求的前提下，充分考虑经济性和实用性来选择。

（4）钢的淬透性与淬硬性

钢淬火的目的是为了获得马氏体组织，其前提条件是奥氏体的冷却速度必须大于临界冷却速度。从淬火工艺曲线可以看出，钢在淬火时其表面冷却速度和心部是不同的，心部的冷却速度要比表面慢，这样，若表面和心部的冷却速度均大于 $v_{临}$，即钢被完全淬透；但淬火时

若表面获得了马氏体，而心部由于冷却速度达不到 $v_临$，所以获得了非马氏体组织，则被称为"未淬透"。

淬透性是指在规定条件下，钢在淬火冷却时获得马氏体组织深度的能力。显然，淬透性好的钢更易于整体淬透，所以更适于制造截面尺寸较大的零件。

一种钢的淬透性好坏，取决于该钢的临界冷却速度，临界冷却速度越低，则钢的淬透性越好。钢的临界冷却速度又主要取决于其化学成分，一般来说，各种合金元素（除钴外）溶于奥氏体后均能提高奥氏体的稳定性，减缓过冷奥氏体的转变速度，使钢的临界冷却速度降低。因此，合金钢的淬透性一般比碳钢好，合金钢淬火冷却时可以在机油等冷却能力较弱的冷却介质中进行。这样既可以保证淬火后的零件内外组织均匀一致，又减少了工件在淬火时变形和开裂的倾向，从而充分发挥出材料的性能潜力。

淬硬性是指钢在理想的淬火条件下，获得马氏体后所能达到的最高硬度。由于马氏体的硬度主要取决于碳在马氏体中的过饱和程度，所以钢的淬硬性取决于含碳量的高低。低碳钢淬火的最高硬度低，淬硬性差；高碳钢淬火的最高硬度高，淬硬性好。

淬透性和淬硬性是两个不同的概念。淬硬性是指淬火后获得的最高硬度，主要取决于马氏体中的含碳量。淬透性好的钢，其淬硬性不一定高。如高碳工具钢与低碳合金钢相比，前者淬硬性高但淬透性低，后者淬硬性低但淬透性高。

（5）钢的淬火缺陷

在热处理生产中，由于淬火工艺控制不当，常会产生氧化与脱碳、过热与过烧、变形与开裂、硬度不足及软点等缺陷，见表4-6。

表4-6 钢的淬火缺陷

缺陷名称	缺陷含义及产生原因	后 果	防止与补救方法
氧化与脱碳	钢在加热时，炉内的氧与钢表面的铁相互作用，形成一层松脆的氧化铁皮的现象称为氧化 脱碳是指钢在加热时，钢表面的碳与气体介质作用而逸出，使钢件表面含碳量降低的现象	氧化和脱碳会降低钢件表层的硬度和疲劳强度，而且还会影响零件的尺寸	在盐浴炉内加热，或在工件表面涂覆保护剂，也可在保护气氛及真空中加热
过热与过烧	钢在淬火加热时，由于加热温度、过高或高温停留时间过长，造成奥氏体晶粒显著粗化的现象称为过热 若加热温度达到固相线附近，晶界已开始出现氧化和熔化的现象，则称为过烧	工件过热后，晶粒粗大，使钢的力学性能（尤其是韧性）降低，并易引起淬火时的变形和开裂	严格控制加热温度和保温时间；发现过热，马上出炉空冷至火色消失，再立即重新加热到规定温度或通过正火予以补救；过烧后的工件只能报废，无法补救
变形与开裂	淬火内应力是造成工件变形和开裂的主要原因	无法使用	应选用合理的工艺方法 变形的工件可采取校正的方法补救，而开裂的工件只能报废
硬度不足	由于加热温度过低、保温时间不足、冷却速度不够快或表面脱碳等原因，在淬火后无法达到预期的硬度	无法满足使用性能	严格执行工艺规程 发现硬度不足，可先进行一次退火或正火处理，再重新淬火
软点	淬火后工件表面有许多未淬硬的小区域 原因包括加热温度不够、局部冷却速度不足（局部有污物、气泡等）及局部脱碳等	组织不均匀，性能不一致	冷却时注意操作方法，增加搅动 产生软点后，可先进行一次退火、正火或调质处理，再重新淬火

2. 钢的回火

所谓回火，是指将淬火后的钢重新加热到 A_{c1} 点以下的某一温度，保温一定时间，然后冷却到室温的热处理工艺。

由于钢淬火后的组织主要是马氏体和少量的残余奥氏体，它们处于不稳定状态，会自发地向稳定组织转变，从而引起工件变形甚至开裂。因此，淬火后必须马上进行回火处理，以稳定组织，消除内应力，防止工件变形、开裂及获得所需要的力学性能。

回火的目的是：

① 降低淬火钢的脆性和内应力，防止变形或开裂。

② 调整和稳定淬火钢的结晶组织，以保证工件不再发生形状和尺寸的改变。

③ 获得不同需要的机械性能，通过适当的回火来获得所要求的强度、硬度和韧性，以满足各种工件的不同使用要求。淬火钢经回火后，其硬度随回火温度的升高而降低，回火一般也是热处理的最后一道工序。

（1）回火时的组织转变

回火实质上是采用加热手段，使处于亚稳定状态的淬火组织较快地转变为相对稳定的回火组织的工艺过程。随着回火加热温度的升高，原子扩散能力逐渐增强，马氏体中过饱和的碳会以碳化物的形式逐渐析出，残余奥氏体也会慢慢地发生转变，使马氏体中碳的过饱和程度不断降低，晶格畸变程度减弱，直至过饱和状态完全消失，晶格恢复正常，变为由铁素体和细颗粒状渗碳体所组成的混合物组织。淬火钢回火时，在不同温度阶段组织的转变情况见表 4-7。回火后的组织可分为回火马氏体（M回）、回火屈氏体（T回）和回火索氏体（S回），三种回火后的显微组织如图 4-11 所示。

表 4-7 回火后的组织转变

转变阶段	回火温度	转 变 特 点	转 变 产 物
马氏体分解	80～200℃	过饱和碳以极细小的过渡相碳化物析出，马氏体中碳的过饱和程度降低，晶格畸变程度减弱，韧性有所提高，硬度基本不变	M回+A残
残余奥氏体分解	200～300℃	残余奥氏体开始分解为下贝氏体或回火马氏体，淬火内应力进一步减小，硬度无明显降低	M回
渗碳体的形成	300～400℃	从过饱和固溶体中析出的碳化物转变为颗粒状的渗碳体，400℃时晶格恢复正常，变为铁素体基体上弥散分布的细颗粒状渗碳体的混合物，钢的内应力基本消除，硬度下降	T回
渗碳体聚集长大	400℃以上	细小的渗碳体颗粒不断长大，回火温度越高，渗碳体颗粒越粗，转变为由颗粒状渗碳体和铁素体组成的混合物组织，内应力完全消除，硬度明显下降	S回

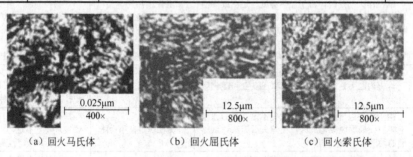

（a）回火马氏体　　　（b）回火屈氏体　　　（c）回火索氏体

图 4-11 45 钢的回火组织

在回火加热过程中，随着组织的变化，钢的性能也随之发生改变。其变化规律是：随着加热温度的升高，钢的强度、硬度下降，而塑性、韧性提高。图 4-12 所示为 40 钢的力学性能与回火温度的关系。

一般来说，回火钢的性能只与加热温度有关，而与冷却速度无关。但值得注意的是，回火后有些钢自 538℃以上慢冷下来时其韧性会降低，这种回火后韧性降低的现象称为"回火脆性"。遇到这种情况，回火时可通过快冷的方法加以避免。

（2）回火的分类及应用

回火时，由于回火温度决定钢的组织和性能，所以生产中一般以工件所需的硬度来决定回火温度。根据回火温度的不同，通常将回火分为低温回火、中温回火和高温回火三类。常用的回火方法及应用场合见表 4-8。

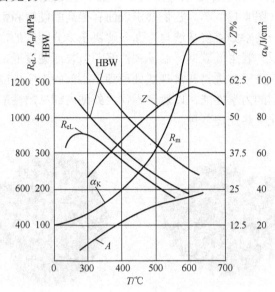

图 4-12　40 钢的力学性能与回火温度的关系

表 4-8　常用的回火方法及应用场合

回火方法	加热温度	获得组织	性能特点	应用场合
低温回火	150～250℃	M回	具有较高的硬度、耐磨性和一定的韧性，硬度可达 58～64HRC	用于刀具、量具、冷冲模、拉丝模以及其他要求高硬度、高耐磨性的零件
中温回火	350～500℃	T回	具有较高的弹性极限、屈服强度和适当的韧性，硬度为 46～50HRC	中温回火主要用于弹性零件及热锻模具等
高温回火	500～650℃	S回	具有良好的综合力学性能（足够的强度与高韧性相配合），硬度一般为 200～330HBW	生产中把淬火与高温回火相结合的热处理工艺称为"调质"。调质处理广泛用于重要的受力构件，如丝杠、螺栓、连杆、齿轮、曲轴等

生产中把淬火与高温回火相结合的热处理工艺称为"调质"。由于调质处理后工件可获得良好的综合力学性能，不仅强度较高，而且有较好的塑性和韧性，这就为零件在工作中承受各种载荷提供了有利条件，因此重要的受力复杂的结构零件一般均采用调质处理。

钢经过调质处理后之所以具有较高的力学性能，是由于调质后钢的组织为回火索氏体，即细粒状弥散分布的渗碳体在细晶粒状铁素体基体上的混合物。由于渗碳体呈细颗粒状，不但减小了对基体的割裂作用，还作为强化相起到了显著的基体强化作用，所以比正火后得到的（渗碳体与铁素体构成的细片层状混合物）索氏体组织具有更高的力学性能。表 4-9 所列为 40 钢正火处理与调质处理后的力学性能比较。

表 4-9　40 钢正火处理与调质处理后的力学性能比较

	R_m（MPa）	$A_{11.3}$（%）	α_k（J/cm²）	HBW
正火	700～800	15～20	50～80	162～220
调质	750～850	20～25	80～120	210～250

4.4　钢的表面热处理

在机械设备中，有许多零件是在冲击载荷、扭转载荷及摩擦条件下工作的，如汽车变速齿轮及传动齿轮轴（图4-13）等。它们要求表面有很高的硬度和耐磨性，而心部要具有足够的塑性和韧性。这一要求如果仅从选材方面去解决是十分困难的，若用高碳钢，硬度高，但心部韧性不足；相反，若用低碳钢，心部韧性好，但表面硬度低，不耐磨。为了满足上述要求，实际生产中一般先通过选材和常规热处理满足心部的力学性能，然后再通过表面热处理的方法强化零件表面的力学性能，以达到零件"外硬内韧"的性能要求。常用的表面热处理方法有表面淬火和化学热处理两种。

图4-13　汽车变速齿轮及传动齿轮轴

4.4.1　表面淬火

表面淬火是一种仅对工件表层进行淬火的热处理工艺。其原理是通过快速加热，使钢的表层奥氏体化，在热量尚未充分传到零件中心时就立即予以冷却淬火的方法。它不改变钢的表层化学成分，但改变表层组织。表面淬火只适用于中碳钢和中碳合金钢。表面淬火的关键是加热的方法，必须要有较快的加热速度。目前表面淬火的方法很多，如火焰加热表面淬火、感应加热表面淬火、电接触加热表面淬火、激光加热表面淬火等，但生产中最常用的方法主要有火焰加热表面淬火和感应加热表面淬火两种。

1. 火焰加热表面淬火

应用氧-乙炔（或其他可燃气体）火焰对零件表面进行快速加热并随后快速冷却的工艺称为火焰加热表面淬火，如图4-14所示。

火焰淬火的淬硬层深度一般为2～6mm。这种方法的特点是：加热温度及淬硬层深度不易控制，易产生过热和加热不均匀的现象，淬火质量不稳定。但这种方法不需要特殊设备，故适用于单件或小批量生产。

2. 感应加热表面淬火

利用感应电流通过工件所产生的热效应，使工件表面受到局部加热，并进行快速冷却的淬火工艺称为感应加热表面淬火。

感应加热表面淬火的原理如图4-15所示。把工件放入空心铜管绕成的感应器内，感应器中通入一定频率的交流电，在电磁感应作用下感应器就会产生一个频率相同的交变磁场，工件内部就会产生频率相同、方向相反的感应电流，该电流在钢件内自成回路，称为"涡流"。由于涡流在工件截面上的分布是不均匀的，涡流主要集中在工件表面，这种现象称为涡流的"趋肤效应"。感应器中的电流频率越高，涡流越集中于工件的表层，趋肤效应越明显。这样，生产中只要调整通入感应器的电流频率，就可以有效控制加热层的深度。感应加热表面淬火电流频率与淬硬层的关系见表4-10。由于祸流在趋肤效应作用下使工件表层迅速加热到淬火所需的温度（而心部温度仍接近室温），随即喷水快速冷却，从而达到表面淬火的目的。

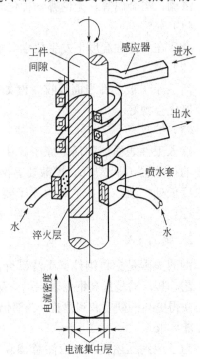

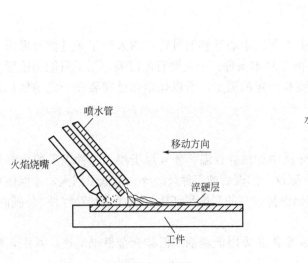

图 4-14　火焰淬火示意图　　　　图 4-15　感应加热示意图

表 4-10　感应加热表面淬火的频率选择

	频 率 范 围	淬硬层深度（mm）	应 用 举 例
高频感应加热	200~300kHz	0.5~2	在摩擦条件下工作的零件，如小齿轮、小轴等
中频感应加热	1~10kHz	2~8	承受扭矩、压力载荷的零件，如曲轴、大齿轮、主轴等
工频感应加热	50Hz	10~15	承受扭矩、压力载荷的大型零件，如冷轧辊等

与火焰加热表面淬火相比，感应加热表面淬火具有以下特点：

① 加热速度快，零件由室温加热到淬火温度仅需几秒到几十秒的时间。

② 淬火质量好，由于加热迅速，奥氏体晶粒不易长大，淬火后表层可获得细针状（或隐针状）马氏体，硬度比普通淬火高 2~3HRC。

③ 淬硬层深度易于控制，淬火操作易实现机械化和自动化，但设备较复杂、成本高，故适用于大批量生产。

4.4.2　化学热处理

将工件置于一定温度的活性介质中保温，使一种或几种元素渗入它的表层，以改变其化学成分、组织和性能的热处理工艺称为化学热处理。与其他热处理相比，化学热处理不仅改变了钢的组织，而且表面层的化学成分也发生了变化，因而能更有效地改变零件表层的性能。

1. 化学热处理的过程

化学热处理的种类很多，根据渗入元素的不同，化学热处理有渗碳、渗氮、碳氮共渗、渗硼、渗金属等。无论哪一种化学热处理方法，都是通过以下三个基本过程来完成的。

（1）分解

介质在一定的温度下发生化学分解，产生可渗入元素的活性原子。

（2）吸收

活性原子被工件表面吸收。例如活性原子溶入铁的晶格中形成固溶体，或与铁化合形成金属化合物等。

（3）扩散

渗入工件表面层的活性原子，由表面向中心迁移的过程，渗入原子通过扩散形成一定厚度的扩散层（即渗层）。扩散要有两个基本条件：一是要有浓度差，原子只能由浓度高处向浓度低处扩散；二是扩散的原子要有一定的能量，所以化学热处理要在一定的加热条件下进行。

2. 钢的渗碳

钢的渗碳是指将钢件置于渗碳介质中加热并保温，使碳原子渗入工件表层的化学热处理工艺。其目的是提高钢件表层的含碳量。渗碳后的工件须经淬火及低温回火，才能使零件表面获得更高的硬度和耐磨性（心部仍保持较高的塑性和韧性），从而达到对零件"外硬内韧"的性能要求。

为了达到上述要求，应注意渗碳零件必须用低碳钢或低碳合金钢来制造。其工艺路线一般为：

$$锻造 \rightarrow 正火 \rightarrow 机械加工 \rightarrow 渗碳 \rightarrow 淬火+低温回火$$

根据渗碳介质的工作状态，渗碳方法可分为固体渗碳、盐浴渗碳及气体渗碳三种，应用最广泛的是气体渗碳。

气体渗碳是将工件置于气体渗碳剂中进行渗碳的工艺。图 4-16 所示为气体渗碳示意图，操作时先将工件置于图中所示的密封加热炉中，加热到 900～950℃。滴入煤油、丙酮、甲醇等渗碳剂。这些渗碳剂在高温下分解，产生活性碳原子。随后，活性碳原子被工件表面吸收而溶入奥氏体中，并向其内部扩散，从而形成一定深度的渗碳层。渗碳层深度主要取决于保温时间，一般可按每小时渗入 0.2～0.25mm 的速度估算，并根据所需渗碳层厚度来确定保温时间。

一般零件渗碳后，其表面含碳量控制在 0.85%～1.05%，含碳量从表面到心部逐渐减少，心部仍保持原来低碳钢的含碳量。图 4-17 所示为低碳钢渗碳后缓冷的渗碳层显微组织。图中渗碳层的组织由表面向中心依次为过共析组织、共析组织、亚共析组织（过渡层），中心仍为原来的亚共析组织。

渗碳的工件经淬火及低温回火后，表层显微组织为细针状回火马氏体和均匀分布的细小颗粒状渗碳体，硬度高达 58～64HRC。心部因是低碳钢，其显微组织仍为铁素体和珠光体（某些低碳合金钢，其心部组织为低碳回火马氏体及铁素体，硬度为 30～45HRC），所以心部具有良好的综合力学性能，即较高的韧性和适当的强度。

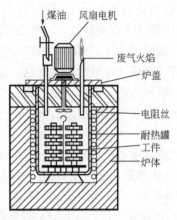

图 4-16　气体渗碳示意图

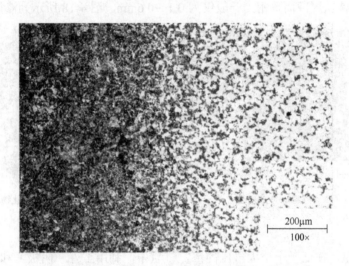

200μm

100×

图 4-17　低碳钢渗碳后缓冷的渗碳层显微组织

渗碳只改变工件表面的化学成分。要使工件表层具有高的硬度、高的耐磨性，而心部具有足够的强度与良好的韧性，渗碳后的工件必须再进行淬火和低温回火。一些承受冲击的耐磨零件，如轴、齿轮、凸轮、活塞销等大都进行渗碳，但在高温下工作的耐磨件不宜采用渗碳处理。

3. 钢的渗氮

在一定温度下，使活性氮原子渗入工件表面的化学热处理工艺称为渗氮。渗氮的目的是提高零件表面的硬度、耐磨性、耐蚀性及疲劳强度。

（1）渗氮的特点

渗氮与渗碳相比有以下特点。

① 渗氮层具有很高的硬度和耐磨性，钢件渗氮后表层中形成稳定的金属氮化物，具有极高的硬度，所以渗氮后不用淬火就可得到高硬度，而且具有较高的红硬性。如 38CrMoAl 钢渗氮层硬度高达 1000HV 以上（相当于 69～72HRC），而且这些性能在 600～650℃时仍可

保持。

② 渗氮层还具有渗碳层所没有的耐蚀性，可防止水、蒸汽、碱性溶液的腐蚀。

③ 渗氮比渗碳温度低（一般约 570℃），所以工件变形小。

渗氮虽然具有上述特点，但它的生产周期长，成本高，渗氮层薄而脆，不宜承受集中的重载荷，这就使渗氮的应用受到一定限制。在生产中渗氮主要用来处理重要和复杂的精密零件，如精密丝杠、镗杆、排气阀、精密机床的主轴等。渗氮工件的工艺路线为：

锻造→退火→机械粗加工→调质→机械精加工→去应力退火→粗磨→渗氮→精磨或研磨

（2）渗氮方法

渗氮方法很多，目前应用最多的渗氮方法为气体渗氮和离子渗氮。

① 气体渗氮。工件在气体介质中进行渗氮称为气体渗氮。它是将工件放入密闭的炉内，加热到 500～600℃，通入氨气（NH_3），氨气分解出活性氮原子。

渗氮用钢是含有 Al、Cr、Mo 等合金元素的钢，通常使用的是 38CrMoAl，其次是 35CrMo、18CrNiW 等。这样，氮原子被零件表面吸收，与钢中的合金元素 Al、Cr、Mo 形成氮化物，并向心部扩散，渗氮层薄而致密，一般仅为 0.1～0.6mm。图 4-18 所示为渗氮层的显微组织。

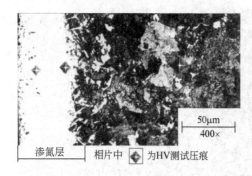

$\dfrac{50\mu m}{400\times}$

渗氮层 ｜ 相片中 ◆ 为HV测试压痕

（a）渗氮层及HV测试压

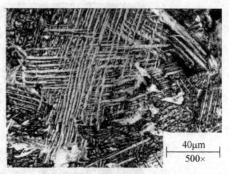

$\dfrac{40\mu m}{500\times}$

（b）渗氮层中致密的针状氮化物（白色）

图 4-18 渗氮层的显微组织

② 离子渗氮。在低于一个大气压的渗氮气氛中，利用工件（阴极）和阳极之间产生的辉光放电现象进行渗氮的工艺称为离子渗氮。图 4-19 所示为离子渗氮装置示意图。

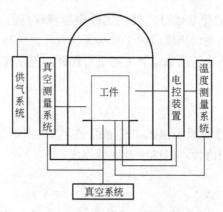

图 4-19 离子渗氮装置示意图

离子渗氮的原理是将需要渗氮的工件作为阴极，将炉壁作为阳极，在真空室中通入氨气，并在阴阳极之间通以高压直流电。在高压电场作用下，氨气被电离，形成辉光放电。被电离的氮离子以极高的速度轰击工件表面，使工件表面温度升高（一般为 450～650℃），并使氮离子在阴极上夺取电子后还原成氮原子而渗入工件表面，然后经过扩散形成渗氮层。

离子渗氮具有速度快、生产周期短、渗氮质量高、工件变形小、对材料的适应性强等优点，因而迅速地发展起来，已在实际生产中得到了应用。但离子渗氮存在投资高、装炉量少、测温困难及质量不够稳定等问题，尚须进一步改进。

4. 碳氮共渗

在一定温度下，将碳、氮原子同时渗入工件表层奥氏体中，并以渗碳为主的化学热处理工艺称为碳氮共渗。气体碳氮共渗为最常用的方法。

气体碳氮共渗的温度为 820～870℃，共渗层表面含碳量为 0.7%～1.0%，含氮量为 0.15%～0.5%。热处理后，表层组织为含碳、氮的马氏体及呈均匀分布的细小碳氮化合物。碳氮共渗与渗碳相比具有很多优点。它不仅加热温度低，零件变形小，生产周期短，而且渗层具有较高的硬度、耐磨性和疲劳强度。目前，常用来处理汽车和机床上的齿轮、蜗杆和轴类等零件。

以渗氮为主的氮碳共渗，也称"软氮化"。其常用共渗介质是尿素，处理温度一般不超过 570℃，处理时间仅为 1～3h。与一般渗氮相比，渗层硬度较低，脆性较小。软氮化常用于处理模具、量具和高速钢刀具等。

5. 热处理新技术简介

（1）形变热处理

形变热处理是一种把塑性变形与热处理有机结合起来的新技术，它能同时收到形变强化和相变强化的综合效果，因而能有效提高钢的力学性能。

形变热处理可分为高温形变热处理和低温形变热处理两种。

高温形变热处理是将工件加热到奥氏体化温度以上，保温后进行塑性变形，然后立即淬火、回火。高温形变热处理后，不仅能提高材料的强度和硬度，而且能显著提高韧性，取得强韧化的效果。这种新工艺可用于加工量不大的锻件或轧件。利用锻造或轧制的余热直接淬火，不仅提高了零件的强度，还可以改善塑性、韧性和疲劳强度，并可简化工艺，降低成本。

低温形变热处理是将钢奥氏体化后，急速冷却到过冷奥氏体孕育期最长的温度（500～600℃）进行大量塑性变形，然后立即淬火、回火。这种热处理可在保持塑性、韧性不降低的条件下，大幅度提高钢的强度和抗磨损能力，主要用于要求强度极高的零件，如高速钢刀具、弹簧、飞机起落架等。

（2）亚温淬火

亚温淬火是将钢加热到略低于 A_{c3} 的温度，然后进行淬火，淬火后得到在马氏体的基体上保留少量弥散分布的铁素体组织，可以不明显降低硬度而大大提高韧性。

（3）激光热处理

激光热处理是利用激光束的高密度能量快速加热工件表面，然后依靠零件本身的导热冷却而使其淬火。目前使用最多的是 CO_2 激光。激光淬火后得到的淬硬层是极细马氏体组织，因此比高频淬火具有更高的硬度、耐磨性及疲劳强度。激光淬火后变形量非常小，仅为高频淬火变形的 1/10～1/3。解决了易变形件难淬火的问题。

（4）保护气氛热处理

在热处理时，由于炉内存在氧化气氛，使钢的表面氧化与脱碳，严重降低了钢的表面质量和力学性能，所以要对一些重要零件（如飞行零件）采用无氧化加热，可在炉内通入高纯度的氮（气和氩气等保护气体，以防零件的氧化与脱碳。

（5）真空热处理

真空热处理是将工件置于 0.0133～1.33Pa 真空度的介质中加热。真空热处理可防止零件的氧化与脱碳，并能使零件表面的氧化物、油脂迅速分解，得到光亮的表面。真空热处理还具有脱气作用，使钢中 H、N 及氧化物分解逸出，并可减少工件的变形。 真空热处理不仅可用于真空退火、真空淬火，还可用于真空化学热处理，如真空渗碳等。

第 **5** 章

合 金 钢

尽管碳素钢便于获得、容易加工，价格低廉，并且通过热处理可以得到不同的性能，但随着现代工业生产的发展，碳素钢在许多方面已远远不能满足生产要求。碳素钢的不足之处主要表现在：

① 淬透性差。

② 回火抗力差，回火稳定性差。

③ 综合机械性能低。

④ 不能满足某些特殊场合的要求。

所谓合金钢就是在碳素钢的基础上，为了改善钢的性能，在冶炼时有目的地加入一种或数种合金元素的钢。与碳素钢相比，由于合金元素的加入，合金钢具有较高的力学性能、淬透性和回火稳定性等，有的还具有耐热、耐酸、耐蚀等特殊性能，所以使其在机械制造中得到了广泛应用。

5.1 合金钢的分类和牌号

5.1.1 合金钢的分类

合金钢的种类很多，为便于管理，有利生产，必须对合金钢进行分类。常用的是下面两种分类方法。

1. 按用途分类

合金结构钢：用于制造机械零件和工程结构的钢。它们又可以分为低合金高强度钢、渗碳钢、调质钢、弹簧钢、滚动轴承钢等。

合金工具钢：用于制造各种工具的钢，可分为刃具钢、模具钢和量具钢等。

特殊性能钢：具有某种特殊物理、化学性能的钢，如不锈钢、耐热钢、耐磨钢等。

2. 按合金元素总量分类

低合金钢：合金元素总量<5%。

中合金钢：合金元素总量为5%～10%。

高合金钢：合金元素总量>10%。

5.1.2 合金钢的牌号

我国合金钢牌号采用含碳量、合金元素的种类及含量、质量级别来编号，简单明了，比较实用。

合金结构钢的牌号采用"两位数字（含碳量）+元素符号（或汉字）+数字"表示。前面两位数字表示钢平均含碳量的万分数；元素符号（或汉字）表明钢中含有的主要合金元素，后面的数字表示该元素的含量。合金元素含量小于 1.5%时不标，平均含量为 1.5%～2.5%，2.5%～3.5%时，则相应地标以 2，3···，依次类推。

例如：

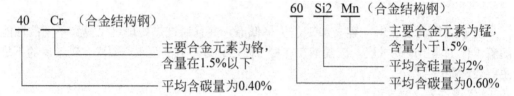

合金工具钢的牌号和合金结构钢的区别仅在于碳含量的表示方法，它用一位数字表示平均含碳量的千分数，当含碳量≥1.0%时，则不予标出。

例如：

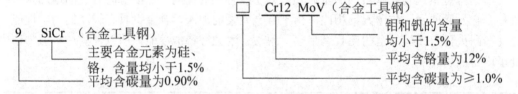

高速钢含碳量均不标出，如 W18Cr4V 钢的平均含碳量为 0.7%～0.8%。

特殊性能钢的牌号和合金工具钢的表示方法相同，如不锈钢 2Cr13 表示含量为 0.2%，平均含铬量为 13%。当含碳量为 0.03%～0.10%，用 0 表示；当含碳量小于等于 0.03%时，用 00 表示。如 0Cr18Ni9 钢的平均含碳量为 0.03%～0.10%，00Cr30Mo2 钢的平均含碳量小于 0.03%。

除此之外，还有一些特殊专用钢为表示其用途，在钢的牌号前面冠以汉语拼音字母字头，而不标含碳量，合金元素含量的标注也与上述有所不同。例如，滚动轴承钢前面标"G"（"滚"字的汉语拼音字母字头），如 GCr15。这里应注意牌号中铬元素后面的数字是表示含铬量的千分数。其他元素仍用百分数表示，如 GCr15SiMn 表示含铬量为 1.5%，硅、锰含量均小于 1.5%的滚动轴承钢。又如易切钢也是在牌号前面冠以拼音字母"Y"，如 Y15 表示含碳量为 0.15%的易切钢。

各种高级优质合金钢在牌号的最后标上"A"，如 38CrMoAlA 表示含碳量为 0.38%的高级优质合金结构钢。

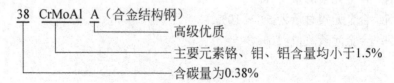

5.2 合金结构钢

合金结构钢是用于制造各类工程结构件和各种机器零件的钢。按用途不同，合金结构钢可分为低合金结构钢和机械制造用钢两类，是目前市场上品种最多、用途最广、用量最大的一类钢材。通常按用途及热处理特点不同，其又可分为低合金结构钢、合金渗碳钢、合金调质钢、合金弹簧钢及滚动轴承钢等几类。

5.2.1 低合金结构钢

在碳素结构钢的基础上加入少量合金元素（一般在 3%以下）就形成了低合金结构钢。常加入的合金元素有锰（Mn）、硅（Si）、钛（Ti）、铌（Nb）、钒（V）等。其含碳量较低，一般为0.10%～0.25%。由于合金元素的强化作用，这类钢比相同含碳量的碳素结构钢的强度要高得多，并且具有良好的塑性、韧性、耐蚀性和焊接性，广泛用于制造工程用钢结构件。例如桥梁、船舶、车辆、锅炉、压力容器、输油管、起重机械等钢结构件，如图5-1所示。

图5-1 低合金结构钢的应用

大多数低合金高强度结构钢是在热轧或正火状态下使用的，一般不再进行热处理。常用低合金高强度结构钢的牌号、力学性能及应用见表5-1。

表5-1 常用低合金高强度结构钢的牌号、力学性能及应用

牌 号	R_{eL}（MPa）	R_m（Mpa）	A（%）	特性及应用举例
Q295	235～295	390～570	23	具有优良的韧性、塑性，冷弯性和焊接性均良好，冲压成形性能良好，一般在热轧或正火状态下使用，适用于制造各种容器、螺旋焊管、车辆用冲压件、建筑用钢结构件、农机结构件、储油罐、低压锅炉汽包、输油管道、造船及金属结构件等
Q345	275～345	470～630	21	具有良好的综合力学性能，塑性和焊接性良好，冲击韧性较好，一般在热轧或正火状态下使用，适用于制造桥梁、船舶、车辆、管道、锅炉、各种容器、油罐、电站、厂房、低温压力容器等结构件
Q390	330～390	490～650	19	具有良好的综合力学性能，塑性和冲击韧性良好，一般在热轧状态下使用，适用于制造锅炉汽包、中高压石油化工容器、桥梁、船舶、起重机、较高负荷的焊接件、连接构件等
Q420	360～420	520～680	18	具有良好的综合力学性能，优良的低温韧性，焊接性好，冷热加工性良好，一般在热轧或正火状态下使用，适用于制造高压容器、重型机械、桥梁、船舶、机车车辆、锅炉及其他大型焊接结构件
Q460	400～460	550～720	17	淬火、回火后用于大型挖掘机、起重运输机械、钻井平台等

5.2.2 合金渗碳钢

合金渗碳钢经渗碳+淬火+低温回火的处理后，便具有外硬内韧的性能，用于制造既具有优良的耐磨性和耐疲劳性，又能承受冲击载荷作用的零件，如汽车、拖拉机中的变速齿轮、内燃机中的凸轮和活塞销等（图 5-2）。

图 5-2　合金渗碳钢的应用

若用含碳量为 0.10%～0.20% 的碳素钢作为渗碳件，由于淬透性差，仅能在表层获得高的硬度，而心部得不到强化，故只适用于制造受力较小的渗碳零件。一些性能要求高或截面更大的零件，均须采用合金渗碳钢。

合金渗碳钢的含碳量在 0.10%～0.25%，可保证心部有足够的塑性和韧性。加入合金元素主要是为了提高钢的淬透性，使零件在热处理后，表层和心部均得到强化，并防止钢因长时间渗碳而造成晶粒粗大。经过渗碳以后，表面的低碳变成高碳，然后再经过淬火及低温回火，从而心部的强度、韧性及表面的硬度同时兼顾。制造汽车变速齿轮所用的 20CrMnTi，是最常用的一种合金渗碳钢，适用于截面径向尺寸小于 30 mm 的高强度渗碳零件。其典型热处理工艺为：渗碳+淬火+低温回火。

常用合金渗碳钢的牌号、热处理、力学性能及用途见表 5-2。

表 5-2　常用合金渗碳钢的牌号、热处理、力学性能及用途

类别	牌　号	热处理（℃）			力学性能（不小于）			用　途
		渗碳	第一次淬火	回火	R_m（MPa）	R_{eL}（MPa）	A（%）	
低淬透性	20Cr	930	880 水油	200 水空	835	540	10	截面不大的机床变速箱齿轮、凸轮、滑阀、活塞、活塞环、联轴器等
	20Mn2	930	850 水油	200 水空	785	590	10	代替 200 钢制造渗碳小齿轮、小轴、汽车变速箱操纵杆等
	20MnV	930	880 水油	200 水空	785	590	10	活塞销、齿轮、锅炉、高压容器等焊接结构件
中淬透性	20CrMn	930	850 油	200 水空	930	735	10	截面不大、中高负荷的齿轮、轴、蜗杆、调速器的套筒等
	20CrMnTi	930	880 油	200 水空	1080	835	10	截面直径在 30mm 以下，承受调速、中或重负荷以及冲击、摩擦的渗碳零件，如齿轮轴、爪行离合器等
	20MnTiB	930	860 油	200 水油	1100	930	10	代替 20CrMnTi 钢制造汽车、拖拉机上的小截面、中等载荷的齿轮
	20SiMnVB	930	900 油	200 水油	1175	980	10	可代替 20CrMnTi
高淬透性	12Cr2Ni4A	930	880 油	200 水油	1175	1080	10	在高负荷下工作的齿轮、蜗轮、蜗杆、转向轴等
	18Cr2Ni4WA	930	950 空	200 水油	1175	835	10	大齿轮、曲轴、花键轴、蜗轮等

5.2.3 合金调质钢

合金调质钢通常是指调质处理的结构钢，用于制造一些受力复杂的，要求具有良好的综合力学性能的重要零件（图 5-3）。这类钢的含碳量一般为 0.25%～0.50%，属于中碳合金钢。对制造复杂受力件而言，若含碳量过低，则会造成硬度不足；若含碳量过高，又会造成韧性不足。

合金调质钢中常加入少量铬、锰、硅、镍、硼等合金元素以增加钢的淬透性，使铁素体强化并提高韧性。加入少量钼、钒、钨、钛等碳化物形成元素，可阻止奥氏体晶粒长大和提高钢的回火稳定性，以进一步改善钢的性能。例如 40Cr 钢的强度比 40 钢提高了 20%。

图 5-3 受力较复杂的结构件

合金调质钢的热处理工艺是调质（淬火十高温回火），处理后获得回火索氏体组织，使零件具有良好的综合力学性能。若要求零件表面有很高的耐磨性，可在调质后再进行表面淬火或化学热处理。

常用合金调质钢的牌号、热处理、力学性能及用途见表 5-3。

表 5-3 常用合金调质钢的牌号、热处理、力学性能及用途

类别	牌号	热处理（℃）		力学性能（不小于）			用途
		淬火	回火	R_m（MPa）	R_{eL}（MPa）	A（%）	
低淬透性	40Cr	850 油	520 水油	980	785	9	中等载荷、中等转速机械零件，如汽车的转向节、后半轴、机床上的齿轮、轴、蜗杆等。表面淬火后制造耐磨零件，如套筒、芯轴、销子、连杆螺钉、进气阀等
	40CrB	850 油	500 水油	980	785	10	主要代替 40Cr，如汽车的车轴、转向轴、花键轴及机床的主轴、齿轮等
	35SiMn	900 油	570 水油	885	735	15	中等负荷、中等转速零件，如传动齿轮、主轴、转轴、飞轮等，可代替 40Cr
中淬透性	40CrNi	820 油	500 水油	980	785	10	截面尺寸较大的轴、齿轮、连杆、曲轴、圆盘等
	42CrMn	840 油	550 水油	980	835	9	在高速及弯曲负荷下工作的轴、连杆等，在高速、高负荷且无强冲击负荷下工作的齿轮轴、离合器等
	42CrMo	850 油	560 水油	1080	930	12	机车牵引用的大齿轮、增压器传动齿轮、发动机汽缸、负荷极大的连杆及弹簧类等
	38CrMoAlA	940 油	740 水油	980	835	14	镗杆、磨床主轴、自动车床主轴、精密丝杠、精密齿轮、高压阀杆、汽缸套等
高淬透性	40CrNiMo	850 油	600 水油	980	835	12	重型机械中高负荷的轴类、大直径的汽轮机轴、直升机的旋翼轴、齿轮喷气发动机的蜗轮轴等
	40CrMnMo	850 油	600 水油	980	785	10	40CrNiMo 的代用钢

5.2.4 合金弹簧钢

弹簧（图 5-4）是各种机器和仪表中的重要零件，按其外形分为板簧及卷簧，按其所受载荷性质可分为压力、拉力和扭力弹簧三种。它利用弹性变形吸收能量以达到缓冲、减振及储能的作用。因此，弹簧的材料应具有高的强度和疲劳强度，以及足够的塑性和韧性。合金弹簧钢的含碳量一般为 0.45%～0.70%。若含碳量过高，则塑性和韧性降低，疲劳极限也会下降。合金弹簧钢中可加入的合金元素有锰、硅、铬、钒和钨等。加入硅、锰主要是提高钢的淬透性，同时提高钢的弹性极限，其中硅的作用最为突出。但硅元素含量过高易使钢在加热时脱碳，锰元素含量过高则易使钢产生过热。因此，重要用途的弹簧钢必须加入铬、钒、钨等，它们不仅使钢材具有更高的淬透性，不易过热，而且可在高温下保持足够的强度和韧性。

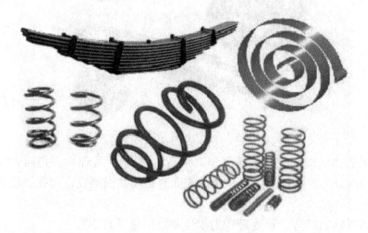

图 5-4　常见的各式弹簧

常见合金弹簧钢的牌号、热处理、力学性能及用途见表 5-4。

表 5-4　常用合金弹簧钢的牌号、热处理、力学性能及用途

牌　号	热　处　理		力学性能（不小于）				用　途
	淬火	回火	R_m（MPa）	R_{eL}（Mpa）	A（%）	Z（%）	
65Mn	840 油	540	1050	850	8	30	各种小尺寸扁、圆弹簧，阀弹簧，制动器弹簧等
55Si2Mn	870 油	480	1300	1200	6	30	汽车、拖拉机、机车上的板弹簧、螺旋弹簧、安全阀弹簧，以及 230℃ 以下使用的弹簧等
60SiMn	870 油	460	1300	1250	5	25	
60Si2CrVA	850 油	400	1900	1700	5	20	250℃ 以下工作的弹簧、油封弹簧、碟形弹簧等
50CrVA	850 油	520	1300	1100	10	45	210℃ 以下工作的弹簧、气门弹簧、喷油嘴管、安全阀弹簧等
60CrMnBA	850 油	500	1250	1100	9	20	
55SiMnMoV	800～900 油	520～560	1400	1300	7	35	载重车、越野车用的弹簧

5.2.5 滚动轴承钢

滚动轴承钢主要用于制造各种滚动轴承的内外圈及滚动体（滚珠、滚柱、滚针），如图 5-5

所示，也可用于制造各种工具和耐磨零件。

滚动轴承钢在工作时承受较大且集中的交变应力，同时在滚动体和套圈之间还会产生强烈的摩擦。因此，滚动轴承钢必须具有高的硬度和耐磨性、高的弹性极限和接触疲劳强度，以及足够的韧性和一定的耐蚀性。

图 5-5 滚动轴承及构件

应用范围最广的轴承钢是高碳铬钢，其含碳量为 0.95%～1.15%，含铬量为 0.40%～1.65%。加入合金元素铬是为了提高淬透性，并在热处理后形成细小且均匀分布的碳化物，以提高钢的硬度、接触疲劳强度和耐磨性。制造大型轴承时，为了进一步提高淬透性，还可加入硅、锰等元素。

滚动轴承钢对有害元素及杂质的限制极高，所以轴承钢都是高级优质钢。目前应用最多的滚动轴承钢有 GCr15 和 GCr15SiMn。GCr15 主要用于中小型滚动轴承，GCr15SiMn 主要用于较大的滚动轴承。

滚动轴承钢的热处理包括预备热处理和最终热处理。预备热处理采用球化退火，目的是为了获得球状珠光体组织，以降低锻造后钢的硬度，便于切削加工，并为淬火做好组织准备。最终热处理为淬火+低温回火，目的是为了获得极细的回火马氏体和细小且均匀分布的碳化物组织，以提高轴承的硬度和耐磨性，其硬度可达 61～65HRC。

常见滚动轴承钢的牌号、热处理及应用范围见表 5-5。

表 5-5　常用滚动轴承钢的牌号、热处理及应用范围

牌　号	热处理（℃）		回火后的硬度 HRC	应 用 范 围
	淬火	回火		
GCr9	810～830	150～170	62～66	10～20mm 的滚动体
GCr15	825～845	150～170	62～66	壁厚<20mm 的中小型套圈，直径<50mm 的钢球
GCr15SiMn	820～840	150～170	≥62	壁厚<30mm 的中大型套圈，直径=50～100mm 的钢球
GSiMnVRe	780～810	150～170	≥62	可代替 GCr15SiMn
GSiMnMoV	770～810	165～175	≥62	可代替 GCr15SiMn

5.3　合金工具钢

工具钢可分为碳素工具钢和合金工具钢两种，碳素工具钢容易加工，价格便宜，但是淬透性差，容易变形和开裂，而且当切削过程温度升高时容易软化（热硬性只有200℃）。因此，尺寸大、精度高和形状复杂的模具、量具以及切削速度较高的刀具，均采用合金工具钢制造。

合金工具钢按用途可分为合金刃具钢、合金模具钢和合金量具钢。

5.3.1　合金刃具钢

合金刃具钢主要用于制造车刀、铣刀、钻头等各种金属切削刀具（图5-6）。刃具钢要求具有高硬度、高耐磨性、高热硬性及足够的强度和韧性等。

图5-6　合金刃具钢的应用

合金刃具钢分为低合金刃具钢和高速钢两种。

1. 低合金刃具钢

低合金刃具钢是在碳素工具钢的基础上加入少量合金元素（小于5%）的钢。钢中主要加入铬、锰、硅等元素，目的是提高钢的淬透性，同时提高钢的强度；加入钨、钒等强碳化物形成元素，目的是提高钢的硬度和耐磨性，并防止加热时过热，保持晶粒细小。低合金刃具钢与碳素工具钢相比提高了淬透性，能制造尺寸较大的刀具，可在冷却较缓慢的介质（如油）中淬火，使变形倾向减小。这类钢的硬度和耐磨性也比碳素工具钢高。由于合金元素加入量不大，故一般工作温度不得超过300℃。

9SiCr钢和CrWMn钢是最常用的低合金刃具钢。

由于9SiCr钢中加入了铬和硅，使其具有较高的淬透性和回火稳定性，碳化物细小均匀，热硬性可达300℃，因此适用于制造刀刃细薄的低速切削刀具，如丝锥、板牙、铰刀等（图5-7）。

图5-7　低速切削刀具（丝锥、板牙、铰刀）

CrWMn 钢的含碳量为 0.90%～1.05%，铬、钨、锰同时加入，使钢具有很高的硬度（64～66HRC）和耐磨性，但热硬性不如 9SiCr 钢。9SiCr 钢热处理后变形小，故又称微变形钢，主要用于制造较精密的低速刀具，如长铰刀、拉刀等。

低合金刃具钢的预备热处理是球化退火，最终热处理为：淬火+低温回火。

常用低合金刃具钢的牌号、化学成分、热处理及用途见表 5-6。

表 5-6 常用低合金刃具钢的牌号、化学成分、热处理及用途

牌 号	化学成分（%）				热处理（℃）	硬度 HRC	用 途
	W_C	W_{Mn}	W_{Si}	W_{Cr}			
9SiCr	0.85～0.95	0.30～0.60	1.20～1.60	0.95～1.25	830～860 油冷	≥62	冷冲模、铰刃、拉刀、板牙、丝锥、搓丝板等
CrWMn	0.85～0.95	0.80～1.10	≤0.4	0.90～1.20	820～840 油冷	≥62	要求淬火后变形小的刀具，如长丝锥、长铰刀、量具、形状复杂的冷冲模等
9Mn2V	0.75～0.85	1.70～2.00	≤0.4	—	780～810 油冷	≥60	量具、块规、精密丝杠、丝锥、板牙等
9Cr2	0.85～0.95	≤4	≤0.4	1.30～1.70	826～850 油冷	≥62	尺寸较大的铰刀、车刀等刀具

2. 高速钢

高速钢是一种具有高红硬性、高耐磨性的合金工具钢。钢中含有较多的碳（0.7%～1.5%）和大量的钨、铬、钒、钼等强碳化物形成元素。高的含碳量是为了保证形成足够量的合金碳化物，并使高速钢具有高的硬度和耐磨性；钨和钼是提高钢红硬性的主要元素；铬主要提高钢的淬透性；钒能显著提高钢的硬度、耐磨性和红硬性，并能细化晶粒及降低钢的过热敏感性。高速钢的红硬性可达 600℃，切削时能长期保持刃口锋利，又称锋钢。

高速钢具有高热硬性、高耐磨性和足够的强度，故常用于制造切削速度较高的刀具（如车刀、铣刀、钻头等）和形状复杂、载荷较大的成形刀具（如齿轮铣刀、拉刀等），如图 5-8 所示。此外，高速钢还可用于制造冷挤压模及某些耐磨零件。

图 5-8 高速钢成形刀具

高速钢经淬火及回火后的组织是含有较多合金元素的回火马氏体、均匀分布的细颗粒状合金碳化物及少量残余奥氏体，硬度可达 63～66HRC。

常用高速钢的牌号、主要化学成分、热处理及用途见表 5-7。

表 5-7　常用高速钢的牌号、主要化学成分、热处理及用途

牌　　号	主要化学成分（质量分数，%）			热处理（℃）		硬度 HRC		用　　途
	W_C	W_W	W_{Mo}	淬火	回火	回火后的硬度	热硬度	
W18Cr4V（18-4-1）	0.70～0.80	17.50～19.00	≤0.30	1260～1300	550～570	63～66	61.5～62	制造一般高速切削用车刀、刨刀、钻头、铣刀等
95W18Cr4V	0.90～1.00	17.50～19.00	≤0.30	1260～1280	570～580	67.5	64～65	切削不锈钢及其他硬或韧材料时，可显著提高刀具的使用寿命和降低被加工工件粗糙度
W6Mo5Cr4V2	0.80～0.90	5.75～6.75	5.75～6.75	1220～1240	550～570	63～66	60～61	制造要求耐磨性和韧性很好配合的高速刀具，如丝锥、钻头等
W6Mo5Cr4V3	1.10～1.25	5.75～6.75	4.75～5.75	1200～1240	550～570	>65	64	制造要求耐磨性和热硬性较高、耐磨性和韧性较好配合的形状复杂的刀具
W12Cr4V4Mo	1.25～1.40	11.50～13.00	0.90～1.20	1240～1270	550～510	>65	64～65	制造形状简单的刀具或仅需很少磨削的刀具。其优点是硬度、热硬性高，耐磨性优越，使用寿命长；缺点是韧性有所降低
W18Cr4VCo10	0.70～0.80	18.00～19.00	—	1270～1320	540～590	66～68	64	制造形状简单、截面较粗的刀具，如直径大于 15mm 的钻头及某些车刀；而不适宜制造形状复杂的薄刃成形刀具或承受单位载荷较高的小截面刀具。用于加工难切削材料，如高温合金、不锈钢等
W6Mo5Cr4V2Co8	0.80～0.90	5.50～6.70	4.80～6.20	1220～1260	540～590	64～66	64	
W6Mo5Cr4V2Al	1.10～1.20	5.75～6.75	4.50～5.50	1220～1250	55.0～570	67～69	65	加工一般材料时，使用寿命为 18-4-1 的两倍；切削难加工材料时，使用寿命接近钴高速钢

5.3.2　合金模具钢

　　用于制造模具的钢称为模具钢。根据工作条件不同，模具钢又可分为冷作模具钢和热作模具钢。

　　1. 冷作模具钢（图 5-9）

　　冷作模具钢用于制造使金属在冷状态下变形的模具，如冲裁模、拉丝模、弯曲模、拉深模等。这类模具工作时的实际温度一般在 200～300℃。

图 5-9　小型冲裁模

　　冷模具的工作温度不高，被加工材料的变形抗力较大，模具的刃口部分受到强烈的摩擦和挤压，所以模具钢应具有高的硬度、耐磨性和强度。模具在工作时受冲击，故模具也要求具有足够的韧性。另外，形状复杂、精密、大型的模具，还要求具有较高的淬透性和较小的

热处理变形。

小型冷作模具可采用碳素工具钢或低合金刃具钢来制造，如 T10A、T12、9SiCr、CrWMn、9Mn2V 等。大型冷作模具一般采用 Cr12、Cr12MoV 等高碳高铬钢制造。

冷作模具钢的最终热处理是淬火+低温回火，以保证其具有足够的硬度和耐磨性。

2. 热作模具钢（图 5-10）

热作模具钢用于制造使金属在高温下成形的模具，如热锻模、压铸模、热挤压模等。这类模具工作时型腔温度可达 600℃。热作模具钢在受热和冷却的条件下工作，反复受热应力和机械应力的作用。因此，热作模具钢要具备较高的强度、韧性、高温耐磨性及热稳定性，并具有较好的抗热疲劳性能。

图 5-10　热锻模、压铸模和热挤压模

热作模具通常采用中碳合金钢（$W_C = 0.3\% \sim 0.6\%$）制造。含碳量过高会使韧性下降，导热性变差；含碳量过低则不能保证钢的强度和硬度。加入合金元素铬、镍、锰、硅等是为了强化钢的基体和提高钢的淬透性。加入铝、钨、钒等是为了细化晶粒，提高钢的回火稳定性和耐磨性。目前一般采用 5CrMnMo 钢和 5CrNiMo 钢制造热锻模，采用 3Cr2W8V 钢制造热挤压模和压铸模。

热作模具钢的最终热处理是淬火+中温回火（或高温回火），以保证其具有足够的韧性。

5.3.3　合金量具钢

量具是测量工件尺寸的工具，如游标卡尺、量规和样板等（图 5-11）。它们的工作部分一般要求具有高硬度、高耐磨性、高的尺寸稳定性和足够的韧性。

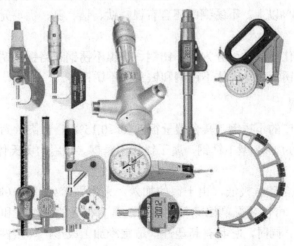

图 5-11　常用量具

碳素工具钢、合金工具钢和滚动轴承钢均可用于制造量具。要求较高的量具，一般均采用微变形合金工具钢制造，如 CrWMn、CrMn、GCr15。

量具钢经淬火后要在 150～170℃下长时间低温回火，以稳定尺寸。对于精密量具，为了保证使用过程中的尺寸稳定性，淬火后要进行-80～-70℃的冷处理，促使残余奥氏体的转变，然后再进行长时间的低温回火。在精磨后或研磨前，还要进行时效处理（在 120～150℃条件下保温 24～36h），以进一步消除内应力。表 5-8 所列为量具钢的应用实例。

表 5-8　量具钢的应用实例

量具名称	钢号
平样板、卡板	15、20、50、55、60、60Mn、65Mn
一般量具	T10A、T12A、93SiCr
高精度量规	Cr12、GCr15
高精度、复杂量规	CrWMn

5.4　特殊性能钢

具有特殊的物理性能和化学性能的钢称为特殊性能钢。特殊性能钢的种类很多，机械制造行业主要使用的特殊性能钢有不锈钢、耐热钢和耐磨钢等。

5.4.1　不锈钢

不锈钢主要是指在空气、水、盐水溶液、酸及其他腐蚀性介质中具有高度化学稳定性的钢。不锈钢是不锈钢和耐酸钢的统称，能抵抗大气腐蚀的钢称为不锈钢，而在一些化学介质（如酸类）中能抵抗腐蚀的钢称为耐酸钢。

随着不锈钢中含碳量的增加，其强度、硬度和耐磨性提高，但耐蚀性下降，因此大多数不锈钢的含碳量都较低，有些钢的含碳量甚至低于 0.03%（如 00Cr18Ni9Ti），不锈钢中的基本合金元素是铬，只有当含铬量达到 13%以上时，不锈钢才具有良好的耐蚀性。因此，不锈钢中的含铬量都在 13%以上。不锈钢中还含有镍、钛、锰、氮、铌等元素，以进一步提高耐蚀性或塑性。

常用的不锈钢按化学成分可分为铬不锈钢、铬镍不锈钢和铬锰不锈钢等。按金相组织特点又可分为奥氏体不锈钢、马氏体不锈钢和铁素体不锈钢等。

1. 奥氏体不锈钢

它是应用范围最广的不锈钢，其含碳量很低（≤0.15%），含铬量为 18%，含镍量为 9%，这种不锈钢习惯上称为 18-8 型不锈钢，属于铬镍不锈钢。常用的奥氏体不锈钢有 1Cr18Ni9、0Cr18Ni9N 等。

奥氏体不锈钢的含碳量极低，由于镍的加入，采用固溶处理后（即将钢加热到 1050～1150℃，然后水冷），可以获得单相奥氏体组织，具有很高的耐蚀性和耐热性，因此其耐蚀性高于马氏体不锈钢。同时，它具有高塑性，适宜冷加工成形，焊接性能良好。此外，它无磁性，故可用于制造抗磁零件。因此，奥氏体不锈钢广泛应用于在强腐蚀介质中工作的化工设备、抗磁仪表等。

2. 马氏体不锈钢

这类钢中的含碳量为 0.10%～1.20%，淬火后能得到马氏体，故称马氏体不锈钢，它属于铬不锈钢。这类钢都要经过淬火、回火后才能使用。马氏体不锈钢的耐蚀性、塑性和焊接性都不如奥氏体不锈钢和铁素体不锈钢，但由于它具有较好的力学性能，能与一般的耐蚀性相结合，故应用广泛。含碳量较低的 1Cr13、2Cr13 等可用于制造力学性能较高且要有一定耐蚀性的零件，如汽轮机叶片、医疗器械等。含碳量较高的 3Cr13、4Cr13、7Cr13 等可用于制造医用手术器具、量具及轴承等耐磨工件。

马氏体不锈钢锻造后须退火，以降低硬度、改善切削加工性能。在冲压后也要进行退火，以消除硬化、提高塑性，便于进一步加工。

3. 铁素体不锈钢

铁素体不锈钢的含碳量<0.12%，含铬量为 11.50%～30%，属于铬不锈钢。铬是缩小奥氏体相区的元素，可使钢获得单相铁素体组织，即使将钢从室温加热到高温（900～1100℃），其组织也不会发生显著变化。它具有良好的高温抗氧化性（700℃以下），特别是耐蚀性较好。但其力学性能不如马氏体不锈钢，塑性不及奥氏体不锈钢，故多用于受力不大的耐酸结构件和作为抗氧化钢使用，如各种家用不锈钢厨具、餐具等。

常用的铁素体不锈钢有 1Cr17、00Cr30Mo2 等。常用不锈钢的成分、热处理、力学性能及用途见表 5-9。

表 5-9 常用不锈钢的成分、热处理、力学性能及用途

类别	牌号	化学成分（%）		热处理（℃）	力学性能			用途
		W_C	W_{Cr}		R_{eL}（MPa）	A（%）	HBW	
奥氏体型	1Cr18Ni9	≤0.15	17.0～19.0	固溶处理 1010～1150 快冷	≥520	≥40	≤187	硝酸、化工、化肥等工业设备零件
	0Cr19Ni9N	≤0.08	18.0～20.0	固溶处理 1010～1150 快冷	≥649	≥35	≤217	在 0Cr19Ni9 加入氮，强度提高，塑性基本不降低，作为硝酸、化工等工业设备结构用强度零件
	00Cr18Ni10N	≤0.03	17.0～19.0	固溶处理 1010～1150 快冷	≥549	≥40	≤217	化学、化肥及化纤工业用的耐蚀材料
	1Cr18Ni9Ti	≤0.12	17.0～19.0	固溶处理 100～1100 快冷	≥539	≥40	≤187	耐酸容器、管道及化工焊接件等
	0Cr18Ni11Nb	≤0.08	17.0～19.0	固溶处理 920～1150 快冷	≥520	≥40	≤187	铬镍钢焊芯、耐酸容器、抗磁仪表、医疗器械等
铁素体型	1Cr17	≤0.12	16.0～18.0	785～850 空冷或缓冷	≥400	≥20	≤187	耐蚀性良好的通用钢种，用于建筑装潢、家用电器、家庭用具等
	00Cr30Mo2	≤0.01	28.5～32.0	900～1050 快冷	≥450	≥22	≤187	耐蚀性很好，制造苛性碱及有机酸设备

类别	牌号	化学成分（%）		热处理（℃）	力学性能			用途
		W_C	W_{Cr}		R_{eL}（MPa）	A（%）	HBW	
马氏体型	1Cr13	≤0.15	11.5～13.5	950～1000油冷700～750回火	≥539	≥25	≤187	汽轮机叶片、水压机阀、螺栓、螺母等，以及承受冲击的结构零件
	2Cr13	0.16～0.25	12.0～14.0	920～980油冷600～750回火	≥588	≥16	≤187	
	3Cr13	0.26～0.40	12.0～14.0	920～980油冷600～750回火	≥735	≥12	≤217	硬度较离的耐蚀耐磨零件和工具，如热油泵轴、阀门、滚动轴承、医疗工具、量具、刀具等
	3Cr13Mo	0.28～0.35	12.0～14.0	1020～1075油冷200～300回火				

5.4.2 耐热钢

耐热钢是指在高温下具有良好的化学稳定性和较高强度，能较好适应高温条件的特殊性能钢。钢的耐热性包含高温抗氧化性和高温强度两个指标。在高温下具有抗高温介质腐蚀能力的钢称为抗氧化钢；在高温下仍具有足够力学性能的钢称为热强钢。耐热钢是抗氧化钢和热强钢的总称。

在钢中加入铬、铝、硅等元素，形成致密的 Cr_2O_3、SiO_2、Al_2O_3 等氧化膜，可提高钢的抗氧化能力。而要提高钢在高温下保持高强度（热强性）的性能，通常要加入钛、钨、钒、铌、铬、钼等元素。

常用的抗氧化钢有 4Cr9Si20Cr13Al 等。典型的热强钢是 4Cr14Ni14WMo。

5.4.3 耐磨钢

耐磨钢是指在巨大压力和强烈冲击载荷作用下能发生硬化的高锰钢。耐磨钢的典型牌号是 ZGMn13，其化学成分特点是高碳（含碳量为 0.9%～1.4%）、高锰（含锰量为 11%～14%），为使高锰钢获得单相奥氏体组织，须对其进行水韧处理。所谓水韧处理，就是将高锰钢加热至 1000～1100℃，保持一定时间，使碳化物全部溶入奥氏体中，然后水冷，得到单相奥氏体。水韧处理后，其韧性很好，但硬度并不高（≤220HBW），当受到强烈的冲击、挤压和摩擦时，其表面因塑性变形而产生强烈的变形强化，使表面硬度显著提高（50HRC 以上），因而可获得很高的耐磨性，其心部仍保持良好的塑性和韧性。

由于高锰钢在巨大压力和强烈冲击载荷作用下才能发生硬化，它在一般工作条件下使用时并不耐磨。因此，耐磨钢主要应用于在巨大压力和强烈冲击载荷作用下工作的零件，例如起重机和拖拉机的履带、挖掘机铲斗的斗齿、碎石机的颚板、铁路道岔、防弹钢板等（图 5-12）。此外，这种钢极易加工硬化，切削加工困难，故高锰钢零件大多采用铸造成形。

由于耐磨钢是单一的奥氏体组织，所以还具有良好的耐蚀性和抗磁性。

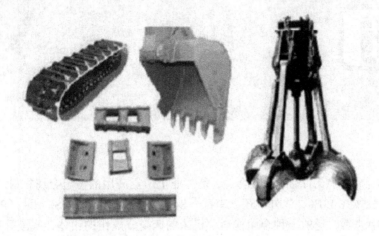

图 5-12　耐磨钢制成的产品

第 6 章

铸　　铁

铸铁是含碳量大于 2.11% 的铁碳合金。是工业上广泛应用的铸造金属材料。常用的铸铁，含碳量一般在 2.5%～4.0%。此外，还含有硅（Si）、锰（Mn）、硫（S）、磷（P）等元素。

铸铁是应用非常广泛的一种金属材料，机床的床身、虎钳的钳体、底座等都是铸铁制成的。在各类机器的制造中，若按质量百分比计算，铸铁占整个机器重量的 45%～90%。在机床和重型机械中则占机器重量的 85%～90%。

铸铁与钢相比，虽然力学性能较低，但是具有良好的铸造性能，生产成本低，并具有优良的消音、减振、耐压、耐磨、耐蚀等性能，因而得到了广泛的应用。

6.1　铸铁的特点与分类

6.1.1　铸铁的石墨化

铸铁的性能与其内部组织密切相关，由于铸铁中的含碳量、含硅量较高，所以铸铁中的碳大部分不再以渗碳体的形式存在，而是以游离的石墨状态存在（含碳量为 100%）。我们把铸铁中的碳以石墨形式析出的过程称为石墨化。

1. 石墨化的途径

铸铁中的石墨可以从液态直接结晶或从奥氏体中直接析出，也可以先结晶出渗碳体，再由渗碳体在一定条件下分解而得到（$Fe_3C \rightarrow 3Fe+C$），如图 6-1 所示。

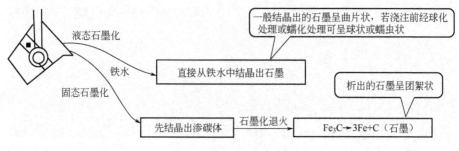

图 6-1　铸铁的石墨化途径

2. 影响石墨化的因素

影响石墨化的因素主要是铸铁的成分和冷却速度。

铸铁中的各种合金元素根据对石墨化的作用不同可以分为两大类：一类是促进石墨化的元素，有碳、硅、铝、镍、铜和钴等，其中碳和硅对促进石墨化作用最为显著。因此，铸铁中碳、硅含量越高，往往其内部析出的石墨量就越多，石墨片也越大。另一类是阻碍石墨化的元素，有铬、钨、钼、钒、锰和硫等。

冷却速度对石墨化的影响也很大，当铸铁结晶时，冷却速度越缓慢，就越有利于扩散，使析出的石墨越大、越充分；在快速冷却时碳原子无法扩散，则阻碍石墨化，促进白口化。而铸件的冷却速度主要取决于壁厚和铸型材料，铸件越厚，铸型材料散热性能越差，铸件的冷却速度就越慢，越有利于石墨化。这就是在加工铸铁件时，往往在其表面会遇到"白口"且很难切削的原因。

6.1.2　铸铁的组织与性能的关系

当铸铁中的碳大多数以石墨形式析出后，其组织状态如图 6-2 所示。其组织可看成在钢的基体上分布着不同形态、大小、数量的石墨。由于石墨的力学性能很差，其强度和塑性几乎为零，这样就可以把分布在钢的基体上的石墨看作不同形态和数量的微小裂纹或孔洞，这些孔洞一方面割裂了钢的基体，破坏了基体的连续性，另一方面又使铸铁获得了良好的铸造性能、切削加工性能，以及消音、减振、耐压、耐磨、缺口敏感性低等诸多优良性能。

从图 6-2 中可以看出，在相同基体的情况下，不同形态和数量的石墨对基体的割裂作用是不同的，呈片状时表面积最大，割裂最严重；蠕虫状次之；球状表面积最小，应力最分散，割裂作用的影响就最小。石墨的数量越多、越集中，对基体的割裂就越严重，铸铁的抗拉强度也就越低，塑性就越差。铸铁的硬度则主要取决于基体的硬度。

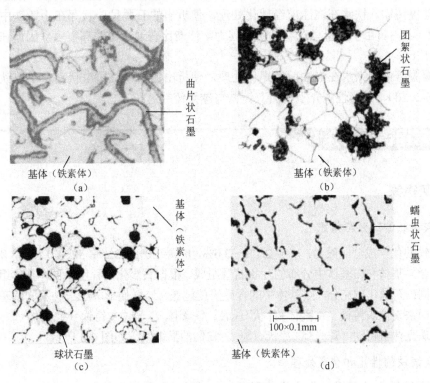

图 6-2　退火状态下铸铁的组织

铸铁的力学性能主要取决于基体的组织和石墨的形态、数量、大小以及分布状态。其中基体的组织一般可通过不同的热处理加以改变，但石墨的形态和分布却无法改变，故要想得到细小而分布均匀的石墨就需要在石墨化时对其析出过程加以控制。

6.1.3　铸铁的分类

根据铸铁在结晶过程中的石墨化程度不同，铸铁可分为以下三类。

① 灰铸铁。即在结晶过程中充分石墨化的铸铁，其游离碳全部以石墨状态存在，断口呈暗灰色。工业上所用的铸铁几乎全部都属于这类铸铁。

② 白口铸铁。即在结晶过程中石墨化全部被抑制，完全按照 Fe-Fe_3C 状态图进行结晶而得到的铸铁，这类铸铁组织中碳全部呈化合碳状态，形成渗碳体，并具有莱氏体组织，其断口呈银白色，性能硬而脆，不易加工，所以很少用它直接制造机械零件，主要用做炼钢原料。

③ 麻口铸铁。即在结晶时未得到充分石墨化的铸铁。其组织介于白口铸铁与灰铸铁之间，含有不同程度的莱氏体，具有较大的硬脆性，工业上很少应用。

根据铸铁中石墨形态的不同，还可将铸铁分为以下四类。

① 普通灰铸铁。石墨呈曲片状存在于铸铁中，简称灰铸铁或灰铁，是目前应用最广的一种铸铁[图 6-2（a）]。

② 可锻铸铁。由一定成分的白口铸铁经过石墨化退火而获得[图 6-2（b）]。其中石墨呈团絮状存在于铸铁中，有较高的韧性和一定的塑性。应注意的是可锻铸铁虽称"可锻"，但实际上是不能锻造的。

③ 球墨铸铁。铁水在浇注前经球化处理，使析出的石墨呈球状存在于铸铁中，简称球铁[图 6-2（c）]。由于石墨呈球状，所以其力学性能比普通灰铸铁高很多，因而在生产中的应用日益广泛。

④ 蠕墨铸铁。铁水在浇注前经蠕化处理，使析出的石墨呈蠕虫状存在于铸铁中，简称蠕铁[图 6-2（d）]。其性能介于优质灰铸铁与球墨铸铁之间。

6.2　常用铸铁简介

6.2.1　灰铸铁

1. 灰铸铁的成分与组织

灰铸铁的化学成分一般为：$W_C = 2.7\% \sim 3.6\%$，$W_{Si} = 1.0\% \sim 2.2\%$，$W_S < 0.15\%$，$W_P < 0.3\%$。其组织由金属基体和在基体中分布的片状石墨组成。根据石墨化的程度不同，基体组织中的含碳量也不同；石墨化越充分，则基体中的含碳量就越低，这样便形成了三种不同的基体组织的灰铸铁，即铁素体灰铸铁（铁素体+片状石墨）、铁素体-珠光体灰铸铁（铁素体+珠光体+片状石墨）和珠光体灰铸铁（珠光体+片状石墨）。它们的显微组织如图 6-3 所示。

2. 灰铸铁的性能和孕育处理

由于灰铸铁中的石墨呈曲片状，所以其对基体的割裂面积大，严重地破坏了基体的连续性，大大减小了有效承载面积，并且在石墨的尖角处容易产生应力集中，所以其力学性能中的抗拉强度、塑性、韧性均远不如钢，而抗压强度和硬度并没有明显降低。同时由于石墨的存在使灰铸铁也获得了许多优异性能，如由于石墨的脆性，使灰铸铁在切削时切屑呈崩碎状，大大减少了切屑与刀具前面的摩擦，减少了切削热，提高了刀具的使用寿命。此外，石墨还具有一定的润滑性能等一系列因素，使铸铁获得了良好的切削性能。除具有良好的切削性能外，灰铸铁还具有良好的铸造性能、耐磨性能、消音减振性能以及较低的缺口敏感性等。

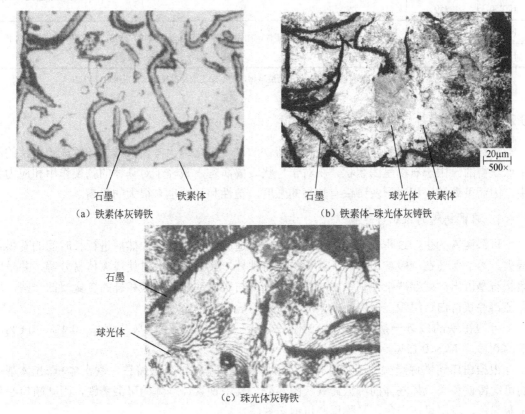

（a）铁素体灰铸铁

石墨　　　　铁素体

（b）铁素体-珠光体灰铸铁

石墨　　　球光体　铁素体

（c）珠光体灰铸铁

石墨

球光体

图6-3　灰铸铁的显微组织

　　为了改善灰铸铁的性能，一方面要改变石墨的数量、大小和分布，另一方面要增加基本中珠光体的数量。由于石墨对铸铁强度的影响远比对基体的影响大，所以提高灰铸铁性能的关键是改变石墨片的形态和数量。石墨片越少、越细小且分布越均匀，铸铁的力学性能就越高。为了细化金属基体并增加珠光体数量，改变石墨片的形态和数量，在生产中常采用孕育处理工艺。

　　所谓孕育处理（或称变质处理），就是在浇注前往铁水中投加少量硅铁、硅钙合金等为孕育剂，使铁水内产生大量均匀分布的晶核，使石墨片及基体组织得到细化。

　　经过孕育处理后的铸铁称为孕育铸铁，其不仅强度有很大提高，而且塑性和韧性也有所改善。因此，孕育铸铁常用做力学性能要求较高、截面尺寸变化较大的大型铸铁件。

　　3. 灰铸铁的牌号及用途

　　灰铸铁的牌号由"灰铁"二字的汉语拼音字母字头"HT"及后面的一组表示最小抗拉强度数值的数字组成。灰铸铁的牌号和应用见表6-1。

表 6-1　灰铸铁的牌号和应用

牌号	最小抗拉强度（MPa）	应 用 举 例
HT100	100	适用于负荷小，对摩擦、磨损无特殊要求的零件，如盖板、支架、手轮
HT150	150	适用于承受中等负荷的零件，如机床支柱、底座、刀架、齿轮箱、轴承座
HT200	200	适用于承受较大负荷的零件，如机床床身、立柱、汽车缸体、缸盖、轮毂、联轴器、油缸、齿轮、飞轮
HT250	250	
HT300	300	适用于承受高负荷的重要零件，如大型发动机的曲轴、齿轮、凸轮，高压油缸的缸体、缸套、缸盖、阀体、泵体
HT350	350	

注：灰铸铁是根据强度分级的，一般采用 $\phi 30mm$ 的铸造试棒，切削加工成标准拉伸试棒后再进行测定。

6.2.2　可锻铸铁

可锻铸铁俗称玛钢、马铁。它是白口铸铁通过石墨化退火，使渗碳体分解成团絮状的石墨而获得的。由于石墨呈团絮状，相对于片状石墨而言，减轻了对基体的割裂作用和应力集中，因而可锻铸铁相对于灰铸铁有较高的强度，塑性和韧性也有很大的提高。

1. 可锻铸铁的组织与性能

可锻铸铁的生产过程包括两个步骤：首先铸造成白口铸铁件，然后进行长时间的石墨化退火。为了保证在一般冷却条件下获得白口铸铁件，又要在退火时使渗碳体易分解，并呈团絮状石墨析出，就要严格控制铁水的化学成分。与灰铸铁相比，碳和硅的含量要低一些，以保证铸件获得白口组织，但也不能太低，否则退火时难以石墨化。

可锻铸铁的成分一般为：$W_C = 2\% \sim 2.8\%$，$W_{Si} = 1.2\% \sim 1.8\%$，$W_{Mn} = 0.4\% \sim 0.6\%$，$W_P < 0.1\%$，$W_S < 0.25\%$。

根据白口铸铁件退火的工艺不同，可形成铁素体基体的可锻铸铁、铁素体+珠光体基体的可锻铸铁和珠光体基体的可锻铸铁（图 6-4）。其中铁素体基体的可锻铸铁，因其断口心部呈灰黑色，表层呈灰白色，又称黑心可锻铸铁。

可锻铸铁的基体组织不同，其性能也不相同，黑心可锻铸铁有一定的强度、塑性与韧性，而珠光体可锻铸铁则具有较高的强度、硬度和耐磨性，塑性与韧性较低。

2. 可锻铸铁的牌号及用途

我国可锻铸铁的牌号是由三个字母及两组数字组成。前两个字母"KT"是"可铁"二字汉语拼音的第一个字母，第三个字母代表可锻铸铁的类别。后面两组数字分别代表最低抗拉强度和伸长率的数值。如 KTH300-06 表示黑心可锻铸铁，其最低抗拉强度为 300MPa，最低伸长率为 6%；KTZ450-06 表示珠光体可锻铸铁，其最低抗拉强度为 450MPa，最低伸长率为 6%。表 6-2 所列为黑心可锻铸铁和珠光体可锻铸铁的牌号、力学性能及用途。

表 6-2　黑心可锻铸铁和珠光体可锻铸铁的牌号、力学性能及用途

牌　　号		试样直径 d（mm）	R_m（MPa）	R_{eL}（MPa）	A（%）	HBW	用　　途
A	B		不小于				
KTH300-06	—	12 或 15	300	—	6	不大于150	适用于要求气密性好的零件，如管道配件、中低压阀门

牌　　号		试样直径	R_m (MPa)	R_{eL} (MPa)	A (%)	HBW	用　　途
A	B	d (mm)	不小于				
—	KTH330-08	12 或 15	330	—	8	不大于 150	适用于承受中等载荷的零件，如机床扳手、车轮轮壳、钢丝绳接头
KTH350-10	—		350	220	10		适用于承受较高冲击、振动及扭转载荷的零件，如汽车上的差速器壳体、前后轮壳、转向节壳
—	KTH370-12		370		12		
KTZ450-06			450	270	6	150～200	适用于承受高载荷、耐磨损且有一定韧性要求的重要零件如曲轴、凸轮轴、连杆、齿轮活塞环、摇臂、扳手
KTZ550-04			550	340	4	180～230	
KTZ650-02			650	430	2	210～260	
KTZ700-02			700	530	2	240～290	

注：牌号 B 为过渡性牌号。

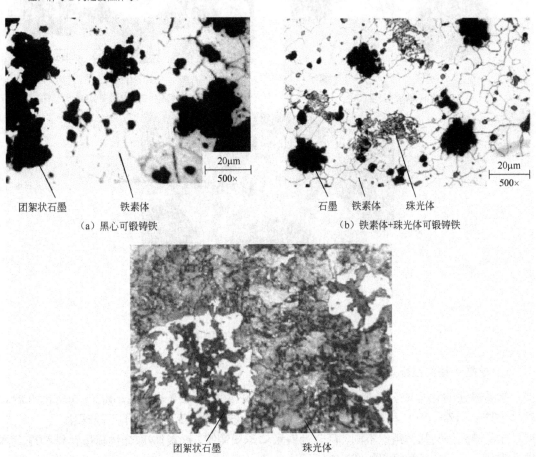

（a）黑心可锻铸铁　　团絮状石墨　铁素体

（b）铁素体+珠光体可锻铸铁　　石墨　铁素体　珠光体

（c）珠光体可锻铸铁　　团絮状石墨　珠光体

图 6-4　可锻铸铁的显微组织

　　可锻铸铁具有铁水处理简单、质量稳定、容易组织流水生产、低温韧性好等优点，广泛应用于管道配件和汽车、拖拉机制造行业，常用于制造形状复杂、承受冲击载荷的薄壁、中小型零件。

6.2.3　球墨铸铁

铁水在浇注前经球化处理，使析出的石墨大部分或全部呈球状的铸铁称为球墨铸铁。球化处理是在铁水浇注前加入少量的球化剂（如纯镁、镁合金、稀土硅铁镁合金）及孕育剂，使石墨以球状析出（图 6-5）。

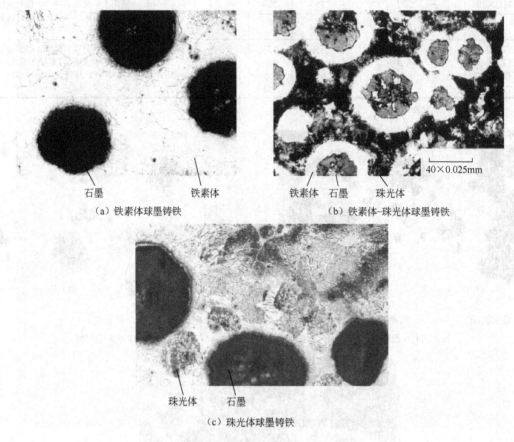

（a）铁素体球墨铸铁　　　　　　　　　　（b）铁素体-珠光体球墨铸铁

（c）珠光体球墨铸铁

图 6-5　球墨铸铁的显微组织

1. 球墨铸铁的组织与性能

球墨铸铁的化学成分一般为：$W_C = 3.6\% \sim 3.9\%$，$W_{Si} = 2.0 \sim 2.8\%$，$W_{Mn} = 0.6\% \sim 0.8\%$，$W_S < 0.07\%$，$W_P < 0.1\%$。与灰铸铁相比，它的碳、硅含量较高，有利于石墨球化。

球墨铸铁按其基体组织不同，可分为铁素体球墨铸铁、铁素体-珠光体球墨铸铁和珠光体球墨铸铁三种。其显微组织如图 6-5 所示。

由于球墨铸铁中的石墨呈球状，其割裂基体的作用及应力集中现象大为减少，可以充分发挥金属基体的性能，所以，它的强度和塑性已超过灰铸铁和可锻铸铁，接近铸钢，而铸造性能和切削性能均比铸钢要好。

2. 球墨铸铁的牌号及用途

球墨铸铁的牌号是由"球铁"二字汉语拼音的第一个字母"QT"及两组数字组成，两组数字分别代表其最低抗拉强度和伸长率。如 QT400-18 表示球墨铸铁，其最低抗拉强度为

400MPa，最低伸长率为18%。

球墨铸铁的牌号、力学性能及用途见表6-3。

表6-3 球墨铸铁的牌号、力学性能及用途

牌号	R_m（MPa）	R_{eL}（MPa）	A（%）	HBW	用　途
	不小于				
QT400-18	400	250	18	130～130	汽车轮毂、驱动桥壳体、差速器壳体、离合器壳体、拨叉、阀体、阀盖
QT400-15	400	250	15	130～180	
QT450-10	450	310	10	160～210	
QT500-7	500	320	7	170～230	内燃机的油泵齿轮、铁路车辆轴瓦、飞轮
QT600-3	600	370	3	190～270	柴油机曲轴，轻型柴油机凸轮轴，连杆，汽缸盖，进排气门座，磨床、铣床、车床的主轴，矿车车轮
QT700-2	700	420	2	225～305	
QT800-2	800	480	2	245～335	
QT900-2	900	600	2	280～360	汽车锥齿轮、转向节、传动轴、内燃机曲轴、凸轮轴

由于球墨铸铁具有良好的力学性能和工艺性能，并能通过热处理使其力学性能在较大范围内变化，因而可以代替碳素铸钢、合金铸钢和可锻铸铁，制造一些受力复杂，强度、硬度、韧性和耐磨性要求较高的零件，如内燃机曲轴、凸轮轴、连杆，减速箱齿轮及轧钢机轧辊等。

6.2.4 蠕墨铸铁

蠕墨铸铁是近代发展起来的一种新型结构材料。它是在高碳、低硫、低磷的铁水中加入蠕化剂（目前采用的蠕化剂有镁钛合金、稀土镁钛合金或稀土镁钙合金），经蠕化处理后，使石墨变为短蠕虫状的高强度铸铁。蠕虫状石墨介于片状石墨和球状石墨之间，金属基体与球墨铸铁相近。图6-6所示为蠕墨铸铁的显微组织。在金相显微镜下观察，蠕虫状石墨像片状石墨，但是较短而厚，头部较圆，形似蠕虫。因此，这种铸铁的性能介于优质灰铸铁和球墨铸铁之间，抗拉强度和疲劳强度相当于铁素体球墨铸铁，减振性、导热性、耐磨性、切削加工性能和铸造性能近似于灰铸铁。表6-4所列为蠕墨铸铁的牌号、力学性能及用途。

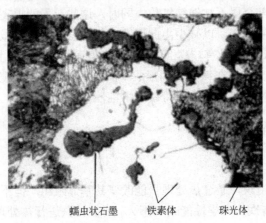

蠕虫状石墨　　铁素体　　珠光体

图6-6　蠕墨铸铁的显微组织

表6-4　蠕墨铸铁的牌号、力学性能及用途

牌　号	R_m（MPa）	R_{eL}（MPa）	A（%）	HBW	用　　途
	不小于				
RUT420	420	335	0.75	200～280	适用于制造强度或耐磨性要求高的零件，如活塞、制动盘、制动鼓、玻璃模具
RUT380	380	300	0.75	193～274	
RUT340	340	270	1.00	170～249	适用于制造强度、刚度和耐磨性要求高的零件，如飞轮、制动鼓、玻璃摸具
RUT300	300	240	1.50	140～217	适用于制造强度要求高及承受热疲劳的零件，如推气管、汽缸盖、液压件、钢锭模
RUT260	260	195	3.00	121～197	适用于制造承受冲击载荷及热疲劳的零件，如汽车的底盘零件、增压器、废气进气壳体

蠕墨铸铁主要应用于承受循环载荷、要求组织致密、强度要求较高、形状复杂的零件，如汽缸盖、进排气管、液压件和钢锭模等。

6.2.5　合金铸铁

在普通铸铁中加入合金元素，使之具有某些特殊性能的铸铁称为合金铸铁。通常加入的合金元素有硅、锰、磷、镍、铬、钼、铜、铝、硼、钒、钛、锑、锡等。合金铸铁根据合金元素的加入量分为低合金铸铁（合金元素含量<3%）、中合金铸铁（合金元素含量为 3%～10%）和高合金铸铁（合金元素含量>10%）。合金元素能使铸铁基体组织发生变化，从而使铸铁获得特殊的耐热、耐磨、耐腐蚀、无磁和耐低温等物理-化学性能，因此这种铸铁也称"特殊性能铸铁"。目前，合金铸铁被广泛地应用于机器制造、冶金矿山、化工、仪表工业以及冷冻技术等部门。

例如耐磨铸铁中的高磷铸铁，在铸铁中提高了磷的含量，可形成高硬度的磷化物共晶体，呈网状分布在珠光体基体上，形成坚硬的骨架，使铸铁的耐磨损能力比普通灰铸铁提高一倍以上。在含磷较高的铸铁中再加入适量的 Cr、Mo、Cu 或微量的 V、Ti、B 等元素，则耐磨性能更好。

又如常用的耐热铸铁（中硅铸铁、高铬铸铁、镍铬硅铸铁、镍铬球墨铸铁）可用来代替耐热钢制造耐热零件，如加热炉底板、热交换器、坩埚等。这些铸铁中加入 Si、Al、Cr 等合金元素，在铸铁表面形成一层致密的、稳定性好的氧化膜（SiO_2、Al_2O_3、Cr_2O_3），可使铸铁在高温环境下工作时内部金属不被继续氧化。同时，这些元素能提高固态相变临界点，使铸铁在使用范围内不致发生相变，以减少由此而造成的体积胀大和显微裂纹等。

此外还有耐蚀铸铁，它们具有较高的耐蚀性能，其耐蚀措施与不锈钢相似，一般加入 Si、Al、Cr、Ni、Cu 等合金元素，在铸件表面形成牢固的、致密态又完整的保护膜，阻止腐蚀继续进行，并提高铸铁基体的电极电位和铸铁的耐蚀性。

6.2.6　常用铸铁的热处理

1．热处理的作用

对于已形成的铸铁组织，通过热处理只能改变其基体组织，但不能改变石墨的大小、数量、形态和分布，对灰铸铁的力学性能改变不大。对灰铸铁进行热处理是为了减小其内应力，提高表面硬度和耐磨性能，以及消除因冷却过快而在铸件表面产生的白口组织。

可锻铸铁是通过先浇注成白口铸铁，再通过不同的退火工艺来获得不同的基体组织和团絮状石墨的，所以一般不再进行其他热处理。

球墨铸铁中的石墨对基体的割裂作用小，因此可通过热处理改变其基体组织来提高和改善其力学性能，在生产中常常采用不同的热处理方法来改善它的性能。

蠕墨铸铁中的石墨的割裂作用比灰铸铁小，浇注后的组织中有较多的铁素体存在，通常可通过正火使其获得以珠光体为主的基体组织，在一定程度上提高了其力学性能。

2. 热处理方法

灰铸铁和球墨铸铁的热处理方法及目的见表 6-5。

表 6-5 灰铸铁和球墨铸铁的热处理方法及目的

铸铁类型	热处理方法	热处理目的及应用
灰铸铁	去应力退火	消除复杂铸件因壁厚不均、冷却不均及切削加工等造成的内应力，避免工件变形与开裂，如机床床身、机架等
	表面淬火	提高重要工件表面的硬度和耐磨性，如机床导轨、缸体内壁等
	石墨化退火	消除铸件表面或薄壁处的白口组织，降低硬度，改善切削性能
球墨铸铁	退火	得到铁素体基体，提高塑性、韧性，消除应力，改善切削性能
	正火	得到珠光体基体，提高强度和耐磨性
	调质	获得回火索氏体的基体组织，以及良好的综合力学性能，如主轴、曲轴、连杆等
	等温淬火	使外形复杂且综合力学性能要求高的零件获得下贝氏体的基体组织，以及高强度、高硬度、高韧性等综合力学性能，避免热处理时产生开裂，如主轴、曲轴、齿轮等

第 **7** 章
有色金属与硬质合金

通常把黑色金属以外的金属称为有色金属，也称非铁金属。有色金属中密度小于 $3.5g/cm^3$ 的（铝、镁、铍等）称为轻金属，密度大于 $3.5g/cm^3$ 的（铜、镍、铅等）称为重金属。有色金属的产量及用量虽不如黑色金属，但其具有许多特殊性能，如导电性和导热性好、密度及熔点较低、力学性能和工艺性能良好，因此它是现代工业，特别是国防工业不可缺少的材料。

常用的有色金属有铜及铜合金、铝及铝合金、钛及钛合金和硬质合金等。

7.1 铜及铜合金

由于铜及铜合金具有良好的导电性、导热性、抗磁性、耐蚀性和工艺性，故在电气工业、仪表工业、造船业及机械制造业中得到了广泛应用。铜及铜合金的分类如图 7-1 所示。

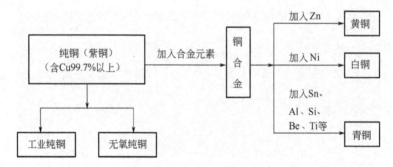

图 7-1 铜及铜合金的分类

7.1.1 纯铜（Cu）

纯铜呈紫红色，又称紫铜，如图 7-2 所示。

纯铜的密度为 $8.96×10^3kg/m^3$，熔点为 1083℃，其导电性和导热性仅次于金和银，是最常用的导电、导热材料。它的塑性非常好，易于冷、热压力加工，在大气及淡水中有良好的耐蚀性能，但纯铜在含有二氧化碳的潮湿空气中表面会产生绿色铜膜，称为铜绿。

纯铜中常含有 0.05%～0.30%的杂质（主要有铅、铋、氧、硫和磷等），它们对铜的力学性能和工艺性能有很大的影响，一般不用于受力的结构零件。常用冷加工方法制造电线、电缆、铜管以及配制铜合金等。

图 7-2 铜丝

铜加工产品按化学成分不同可分为工业纯铜和无氧铜两类，我国工业纯铜有三个牌号，即一号铜（99.95%Cu）、二号铜（99.90%Cu）和三号铜（99.70%Cu），其代号分别为T1、T2、T3；无氧铜，其含氧量极低，不大于 0.003%，其代号有 TU1、TU2，"U" 代表"无" 字。

纯铜的牌号、化学成分及用途见表 7-1。

表 7-1 纯铜的牌号、化学成分及用途

组 别	牌号	化学成分（%）				用 途
		W_{Cu}（不小于）	杂质		杂质总量	
			Bi	Pb		
工业纯铜	T1	99.95	0.001	0.003	0.05	作为导电、导热、耐蚀的器具材料，如电线、蒸发器、雷管、储藏器等
	T2	99.90	0.001	0.005	0.1	
	T3	99.70	0.002	0.01	0.3	一般用材，如开关触头、导油管、铆钉
无氧铜	YU1	99.97	0.001	0.003	0.03	真空电子器件、高导电性的导线和元件
	YU2	99.95	0.001	0.004	0.05	

7.1.2 铜合金

纯铜强度低，虽然冷加工变形可提高其强度，但塑性显著降低，不能制造受力的结构件。为了满足制造结构件的要求，工业上广泛采用在铜中加入合金元素而制成性能得到强化的铜合金，常用的铜合金可分为黄铜、白铜和青铜三大类。

1. 黄铜

黄铜是以锌为主加合金元素的铜合金。其具有良好的机械性能，易加工成形，对大气、海水有相当好的耐蚀能力，是应用最广的有色金属材料，如图 7-3 所示。

黄铜按其所含合金元素的种类可分为普通黄铜和特殊黄铜两类；按生产方式可分为压力加工黄铜和铸造黄铜两类。

（1）普通黄铜

普通黄铜是 Cu-Zn 的二元合金。普通黄铜又分为单相黄铜和双相黄铜两类：当含锌量小于 39% 时，锌全部溶于铜中形成 α 固溶体，即单相黄铜；当含锌量大于等于 39% 时，除了有

α 固溶体外，组织中还出现了以化合物 Cu-Zn 为基体的 β 固溶体，即 α+β 双相黄铜。锌对黄铜力学性能的影响如图 7-4 所示。含锌量在 32%以下时，随含锌量的增加，黄铜的强度和塑性不断提高，当含锌量达到 30%～32%时，黄铜的塑性最好。当含锌量超过 39%以后，由于出现了 β 相，强度继续升高，但塑性迅速下降。当含锌量大于 45%以后，强度也开始急剧下降，所以工业上所用的黄铜含锌量一般不超过 47%。

图 7-3 黄铜的应用

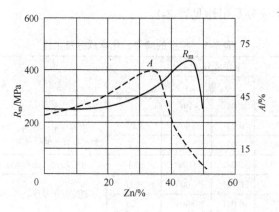

图 7-4 锌含量对黄铜力学性能的影响

单相黄铜塑性很好，适于冷、热变形加工。双相黄铜强度高热状态下塑性良好，故适于热变形加工。

（2）特殊黄铜

特殊黄铜就是在普通黄铜的基础上加入 Sn、Si、Mn、Pb、Al 等元素所形成的铜合金。根据加入元素的不同，分别称为锡黄铜、硅黄铜、锰黄铜、铅黄铜和铝黄铜等。它们比普通黄铜具有更高的强度、硬度和耐蚀性。

普通压力加工黄铜的牌号用"H"+平均含铜量表示。如 H62 表示含铜量为 62%，其余为普通黄铜。

特殊压力加工黄铜的牌号用"H"+主加元素符号（除锌外）平均含铜量+主加元素平均含量表示。如 HMn58-2 表示含铜量为 58%、含锰量为 2%的特殊黄铜。

铸造黄铜，无论是普通黄铜还是特殊黄铜，牌号表示方法均由"ZCu"+主加元素符号+主加元素含量+其他加入元素符号及含量组成，如 ZCuZn38、ZCuZn40Mn2 等。常用黄铜的牌号、化学成分、力学性能及用途见表 7-2。

表 7-2　常用黄铜的牌号、化学成分、力学性能及用途

组别	牌　号	化学成分（%）		力学性能			用　　途
		W_{Cu}	其　他	R_m（MPa）	A（%）	HBW	
压力加工普通黄铜	H90	88.0～91.0	余量 Zn	260/480	45/4	53/130	双金属片、热水管、艺术品、证章
	H69	67.0～70.0	余量 Zn	320/660	55/3	/150	复杂的冲压件、散热器、波纹管、轴套、弹壳
	H62	60.5～63.5	余量 Zn	330/600	49/3	56/140	销钉、铆钉、螺钉、螺帽、垫圈、夹线板、弹簧
压力加工特殊黄铜	HSn90-1	88.0～91.0	0.25～0.75Sn 余量 Zn	280/520	45/5	/82	船舶上的零件、汽车和拖拉机上的弹性套管
	Hsi80-3	79.0～81.0	2.5～4.0Si 余量 Zn	300/600	58/4	90/110	船舶上的零件、在蒸汽（<250℃）条件下工作的零件
	HMn58-2	57.0～60.0	1.0～2.0Mn 余量 Zn	400/700	40/10	85/175	弱电电路上使用的零件
	HPb59-1	57.0～60.0	0.8～1.9Pb 余量 Zn	400/650	45/16	44/80	热冲压及切削加工零件,如销钉、螺钉、螺母、轴套等
	HAl59-3-2	57.0～60.0	2.5～3.5Al 2.0～3.0Ni 余量 Zn	380/650	50/15	75/155	船舶、电动机及其他在常温下工作的高强度、耐蚀零件
铸造黄铜	ZcuZn38	60.0～63.0	余量 Zn	295/295	30/30	60/70	法兰、阀座、手柄、螺母
	ZcuZn25Al6-Fe3Mn3	60.0～66,0	4.5～7.0Al 2.0～4.0Fe 1.5～4.0Mn 余量 Zn	600/600	18/18	160/170	耐磨板、滑块、蜗轮、螺栓
	ZcuZn40Mn2	57.0～60.0	1.0～2.0Mn 余量 Zn	345/390	20/25	80/90	在淡水、海水及蒸汽中工作的零件,如阀体、阀杆、泵管接头等
	ZcuZn33Pb2	63.0～67.0	1.0～3.0Pb 余量 Zn	180/	12/	507	煤气和给水设备的壳体、仪器的构件

注：①压力加工黄铜的力学性能值中，分子数值为在 600℃ 退火状态下测定，分母数值为在 50%变形程度的硬化状态下测定。

②铸造黄铜的力学性能值中，分子为砂型试样测定，分母为金属型铸造试样测定。

2. 白铜

白铜是以镍为主加合金元素的铜合金。Ni 和 Cu 在固态下能完全互溶，所以各类铜镍合金均为单相 α 固溶体，具有良好的冷热加工性能，不能进行热处理强化，只能用固溶强化和加工硬化来提高其强度。

白铜具有高的耐蚀性和优良的冷热加工成形性，是精密仪器仪表、化工机械、医疗器械及工艺品制造中的重要材料。

白铜的牌号用"B"加镍含量表示，三元以上的白铜用"B"加第二个主添加元素符号及除基元素铜外的成分数字组表示。如 B30 表示含 Ni 量为30%的白铜，BMn3-12 表示含锰量为35%、含镍量为12%的锰白铜。

3. 青铜

除了黄铜和白铜外，所有的铜基合金都称为青铜。按主加元素种类的不同，青铜可分为锡青铜、铝青铜、硅青铜和铍青铜等。

按生产方式也可分为压力加工青铜和铸造青铜两类。

压力加工青铜的代号由"Q"+主加元素符号及含量+其他加入元素的含量组成。例如 QSn4-3 表示含锡量为 4%，含锌量为 3%，其余为铜的锡青铜；QAl7 表示含铝量为 7%，其余为铜的铝青铜。铸造青铜的牌号表示方法与铸造黄铜的牌号表示方法相同，均由"ZCu"+主加元素符号+主加元素含量+其他加入元素符号及含量组成，如 ZcuSn5Pb5Zn5、ZcuAl9Mn2 等。

（1）锡青铜

锡青铜是以锡为主要合金元素的铜合金，是人类历史上应用最早的金属。锡能溶于铜而形成 α 固溶体，但比锌在铜中的溶解度小得多（小于 14%）。

由于锡青铜在生产条件下不易得到平衡状态，因而在铸造状态下，含锡量超过 6%时就可能出现 α+δ 的共析体（δ 是一个硬而脆的相）。

锡对铸态青铜力学性能的影响如图 7-5 所示。由图可见，含锡量较小时，随着含锡量的增加，青铜的强度和塑性增加。当含锡量超过 5%～6%时，因合金中出现 δ 相而塑性急剧下降，强度仍然很高；当含锡量大于 10%时，塑性已显著降低；当含锡量大于 20%后，大量的 δ 相使强度显著降低，合金变得硬而脆，已无使用价值，故工业用锡青铜的含锡量一般为 3%～14%。

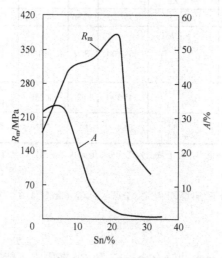

图 7-5　铸态锡青铜的力学性能与含锡量的关系

通常含锡量小于 8%的锡青铜，具有较好的塑性和适当的强度，适于压力加工。含锡量大于 10%的锡青铜，由于塑性较差，只适于铸造。锡青铜在铸造时，因体积收缩小，易形成分散细小的缩孔，可铸造形状复杂的铸件，但铸件的致密性差，在高压下易渗漏，故不适于制造密封性要求高的铸件。

锡青铜在大气及海水中的耐蚀性好，故广泛用于制造耐蚀零件。在锡青铜中加入磷、锌、铅等元素，可以改善锡青铜的耐磨性、铸造性及切削加工性，使其性能更佳。

（2）铝青铜

通常铝青铜的含铝量为 5%～12%。铝青铜比黄铜和锡青铜具有更好的耐蚀性、耐磨性和耐热性，并具有更好的力学性能，还可以进行淬火和回火，以进一步强化其性能，常用于铸造承受重载、耐蚀和耐磨的零件。

（3）铍青铜

通常铍青铜的含铍量为1.7%～2.5%。铍在铜中的溶解度随温度的增加而增加，因此，经淬火后加以人工时效可获得较高的强度、硬度、耐蚀性和抗疲劳性，还具有良好的导电性和导热性，是一种综合性能较好的结构材料，主要用于弹性零件和有耐磨性要求的零件。

（4）硅青铜

硅青铜具有很高的力学性能和耐蚀性能，并具有良好的铸造性能和冷、热变形加工性能，常用于制造耐蚀和耐磨零件。

常用青铜的牌号、化学成分、力学性能及用途见表7-3。

表7-3　常用青铜的牌号、化学成分、力学性能及用途

组别	牌号	化学成分（%）		力学性能			用途
		第一主加元素	其他	R_m（MPa）	A（%）	HBW	
压力加工青铜	QSn4-3	3.5～4.5Sn	2.7～3.3Zn 余量 Cu	350/350	40/4	60/160	弹性元件、管配件、化工机械中的耐磨零件及抗磁零件
	QSn6.5-0.1	6.0～7.0Sn	0.1～0.25P 余量 Cu	350～450 700～800	60～70 7.5～12	70～90 160～200	弹簧、接触片、振动片、精密仪器中的耐磨零件
	QSn4-4-4	3.0～5.0Sn	3.5～4.5Pb 3.0～5.0Zn 余量 Cu	220/250	3/5	80/90	重要的减摩零件，如轴承、轴套、蜗轮、丝杠、螺母等
	QAl7	6.0～8.0Al	余量 Cu	470/980	3/70	70/154	重要用途的弹性元件
	QAl9-4	8.0～10.0Al	2.0～4.0Fe 余量 Cu	550/900	4/5	110/180	耐磨零件，如轴承、蜗轮、齿圈等；在蒸汽及海水中工作的高强度、耐蚀性零件
	QBe2	1.8～2.1Be	0.2～0.5Ni 余量 Cu	500/850	3/40	84/247	重要的弹性元件、耐磨件及在高速、高压、高温下工作的轴承
	QSi3-1	2.7～3.5Si	1.0～1.5Mn 余量 Cu	370/700	3/55	80/180	弹性元件；在腐蚀介质下工作的耐磨零件，如齿轮、蜗轮等
铸造青铜	ZcuSn5Pb5Zn5	4.0～6.0Sn	4.0～6.0Zn 4.0～6.0Pb 余量 Cu	200/200	13/3	60/60	较高负荷、中速的耐磨、耐蚀零件，如轴瓦、缸套、蜗轮等
	ZcuSn10Pb1	9.0～11.5Sn	0.5～1.0Pb 余量 Cu	200/310	3/2	80/90	高负荷、高速的耐磨零件，如轴瓦、衬套、齿轮等
	ZcuPb30	27.0～33.0Pb	余量 Cu			/25	高速双金属轴瓦
	ZcuAlMn2	8.0～10.0Al	1.5～2.5Mn 余量 Cu	390/440	20/20	85/95	耐磨、耐蚀零件，如齿轮、蜗轮、衬套等

注：①压力加工青铜力学性能数值中分子为在600℃退火状态下测定，分母为在50%变形程度的硬化状态下测定。

②铸造青铜力学性能数值中分子为砂型铸造试样测定，分母为金属型铸造试样测定。

7.2 铝及铝合金

铝是一种具有良好的导电传热性及延展性的轻金属。1g 铝可拉成 37m 的细丝，它的直径小于 $2.5×10^{-5}$m；也可展成面积达 $50m^2$ 的铝箔，其厚度只有 $8×10^{-7}$m。铝的导电性仅次于银、铜，具有很高的导电能力，被大量用于电气设备和高压电缆。如今铝已被广泛应用于制造金属器具、工具、体育设备等。

铝中加入少量的铜、镁、锰等，形成坚硬的铝合金，它具有坚硬美观、轻巧耐用、长久不锈的优点，是制造飞机的理想材料。据统计，一架飞机大约有 50 万个用硬铝做的铆钉。用

铝和铝合金制造的飞机元件重量占飞机总重量的 70%。每枚导弹的用铝量占其总重量的 10%～15%。国外已有用铝材铺设的火车轨道。铝及铝合金的应用如图 7-6 所示。

图 7-6　铝及铝合金的应用

7.2.1　铝及铝合金的性能特点

1. 密度小，熔点低，导电性、导热性好，磁化率低

纯铝的密度为 2.72 g/cm^3，仅为铁的 1/3 左右，熔点为 660.4℃，导电性仅次于铜、金、银。铝合金的密度也很低，熔点更低，但导电性、导热性不如纯铝。铝及铝合金的磁化率极低，属于非铁磁材料。

2. 抗大气腐蚀性能好

铝和氧的化学亲和力大，在空气中铝及铝合金表面会很快形成一层致密的氧化膜，可防止内部继续氧化。但在碱和盐的水溶液中氧化膜易破坏，因此不能用铝及铝合金制作的容器盛放盐溶液和碱溶液。

3. 加工性能好

纯铝具有较高的塑性（A=30%～50%，Z=80%），易于压力成形加工，并有良好的低温性能，纯铝的强度低，虽经冷变形强化，但也不能直接用于制造受力的结构件，而铝合金通过冷成形和热处理，具有低合金钢的强度。

因此，铝及铝合金被广泛应用于电气工程、航空工业、汽车制造及生活等各个领域。

7.2.2　铝及铝合金的分类、代号、牌号和用途

铝及铝合金的分类如图 7-7 所示。

1. 纯铝（Al）

按纯度分为高纯铝、工业高纯铝和工业纯铝三类。

高纯铝：99.93%～99.996%，用于科研，代号为 L01～L04。

工业高纯铝：99.85%～99.9%，用做铝合金的原料、特殊化学器械等，代号为L00、L0。

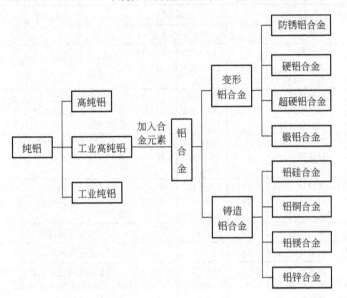

图 7-7　铝及铝合金的分类

工业纯铝：98.0%～99.0%，用做管、线、板材和棒材，代号为L1～L6。

高纯铝代号后的编号数字越大，纯度越高；工业纯铝代号后的编号数字越大，纯度越低。工业纯铝的牌号、化学成分及用途见表7-4。

表 7-4　工业纯铝的牌号、化学成分及用途

代　　号	牌　　号	化学成分（%）		用　　途
		W_{Al}	杂质总量	
L1	1070	99.7	0.3	垫片、电容、电子管隔离罩、电线、电缆、导电体和装饰件
L2	1060	99.6	0.4	
L3	1050	99.5	0.5	
L4	1035	99.0	1.0	
L5	1200	99.0	1.0	不受力而具有某种特性的零件，如电线保护套管、通信系统的零件、垫片和装饰件

2. 铝合金

铝合金根据成分特点和生产方式的不同可分为变形铝合金和铸造铝合金。

变形铝合金根据性能的不同又可分为防锈铝、硬铝、超硬铝和锻铝四种。

按国家标准（GB3190—1982）规定，防锈铝、硬铝、超硬铝和锻铝代号分别用LF、LY、LC、LD等字母及一组顺序号表示，如LF5、LY1、LC4、LD5等；铸造铝合金按加入的主要合金元素的不同可分为Al-Si系、Al-Cu系、Al-Mg系和Al-Zn系合金，其代用"ZL"两个字母和三个数字表示，其中第一位数字表示合金的类别（1为Al-Si系、2为Al-Cu系、3为Al-Mg系、4为Al-Zn系），后两位为合金的序号，如ZL102、ZL203、ZL302、ZL401等。常用变形铝合金和铸造铝合金的牌号、力学性能及用途分别见表7-5和表7-6。

表 7-5　常用变形铝合金的牌号、力学性能及用途

类别	代号	牌号	半成品种类	状态[①]	力学性能		用　途
					R_m（MPa）	A（%）	
防锈铝	LF2	5A02	冷轧板材	0	167～226	16～18	在液体中工作的中等强度的焊接件、冷冲压件和容器、骨架零件等
			热轧板材	H112	117～157	6～7	
			挤压板材	0	≤226	10	
	LF21	3A21	冷轧板材	0	98～147	18～20	要求高的可塑性和良好的焊接性，在液体或气体介质中工作的低载荷零件，如油箱、油管、液体容器、饮料罐等
			热轧板材	H112	108～118	12～15	
			挤制厚壁管材	H112	≤167	—	
硬铝合金	LY11	2A11	冷轧板材（包铝）	0	226～235	12	用做各种要求中等强度的零件和构件、冲压的连接部件、空气螺旋桨叶片、局部镦粗的零件（如螺栓、铆钉）
			挤压棒材	T4	353～373	10～12	
			拉挤制管材	0	≤245	10	
	LY12	2A12	冷轧板材（包铝）	T4	407～427	10～13	用量最大，用做各种要求高载荷的零件和构件（但不包括冲压件和锻件），如飞机上的骨架零件、蒙皮、翼梁等
			挤压棒材	T4	255～275	8～12	
			拉挤制管材	0	≤245	10	
	LY8	2B11	铆钉线材	T4	J225	—	主要用做铆钉材料
超硬铝合金	LC3	7A03	铆钉线材	T6	J284	—	受力结构的铆钉
	LC4	7A04	挤压棒材	T6	490～510	5～7	用做承力构件和高载荷零件，如飞机上的大梁、桁条、加强框、蒙皮、翼肋、起落架零件等，通常多用以取代 2A12
	LC9	7A09	冷轧板材	0	≤240	10	
			热轧板材	T6	490	3～6	
锻铝合金	LD5	2A50	挤压棒材	T6	353	12	用做形状复杂、中等强度的锻件和冲压件，内燃机活塞、压气机叶片、叶轮、圆盘以及其他在高温下工作的复杂锻件，比 2A70 耐热性好
	LD7	2A70	挤压棒材	T6	353	8	
	LD8	2A80	挤压棒材	T6	432～441	8～10	
	LD10	2A14	热轧板材	T6	432	5	高负荷、形状简单的锻件和模锻件

①状态符号采用 GB/T1605—1996 规定代号：0—退火，T4—淬火+自然时效，T6—淬火+人工时效，H112—热加工。

表 7-6　常用铸造铝合金的牌号、化学成分、力学性能及用途

合金牌号	化 学 成 分				铸造方法与合金状态	力学性能（不低于）			用　途
	W_{Si}	W_{Cu}	W_{Mg}	其他		R_m（MPa）	A（%）	HBW	
ZL101	6.5～7.5		0.25～0.45		J、T5	202	2	60	工作温度低于 185℃的飞机、仪器零件，如汽化器
					S、T5	192	2	60	
ZL102	10.0～13.0				J、SB	153	2	50	工作温度低于 200℃，承受低载、气密性的零件，如仪表、抽水机壳体
					JB、SB	143	4	50	
					T2	133	4	50	
ZL105	4.5～5.5	1.0～1.5	0.4～0.6		J、T5	231	0.5	70	形状复杂、在 225℃以下工作的零件，如风冷发动机的汽缸头、油泵体、机壳
					S、T5	212	1.0	70	
					S、T5	222	0.5	70	
ZL108	11.0～13.0	1.0～2.0	0.4～1.0	0.3～0.9 Mn	J、T1	192	—	85	有高温强度及低膨胀系数要求的零件，如高速内燃机活塞等耐热零件
					J、T6	251	—	90	
ZL201		4.5～5.3		0.6～1.0 Mn 0.15～0.35 Ti	S、T4	290	8	70	在 175～300℃以下工作的零件，如内燃机汽缸、活塞、支臂
					S、T5	330	4	90	
ZL202		9.0～11.0			S、J	104		50 100	形状简单、要求表面光滑的中等承载零件
					S、J、T6	163			
ZL301			9.0～11.5		J、S、T4	280	9	60	在大气或海水中工作，工作温度低于 150℃，承受大振动载荷的零件
ZL401	6.0～8.0		0.1～0.3	9.0～13.0 Zn	J、T1	241	1.5	90	工作温度低于 200℃，形状复杂的汽车、飞机零件
					S、T1	192	2	80	

注：铸造方法与合金状态的符号：J—金属型铸造；S—砂型铸造；B—变质处理；T1—人工时效（不进行淬火）；T2—290℃退火；T14—淬火+自然时效；T5—淬火+不完全时效（时效温度低或时间短）；T6—淬火+人工时效（180℃以下，时间较长）。

3. 铝合金的强化

在铝合金的相图中，将 B 溶质含量在 D~F 之间的变形铝合金加热到 α 相区，经保温后迅速水冷（这种淬火称为固溶处理），在室温下得到过饱和的 α 固溶体。这种组织是不稳定的，在室温下放置或低温加热时，有分解出强化相过渡到稳定状态的倾向，而使强度和硬度明显提高，这种现象称为时效。在室温下进行的时效称为自然时效，在加热条件下进行的时效称为人工时效。例如，含铜 4%并有少量镁、锰元素的铝合金，经固溶处理后获得过饱和的 α 固溶体，经时效后，其强度从处理前的 180~200MPa 提高到 400MPa。图 7-8 所示为其自然时效曲线。

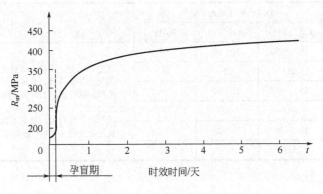

图 7-8 含铜 4%的铝合金的自然时效曲线

由图可知，自然时效在最初一段时间（2h）内，铝合金的强度变化不大，这段时间称为孕育期。在这段时间内，合金的塑性较好，可进行冷加工（如铆接、弯形等），随时间的延长，铝合金才逐渐强化。

对于铸造铝合金，其合金元素的含量要比变形铝合金高些，其中绝大多数可以通过热处理进行强化。另外，铸造铝合金还可以通过变质处理（细化晶粒）的方法来进行力学性能的强化。

7.3 钛及钛合金

钛是一种新金属，由于它具有一系列的优异特性，被广泛用于航空、航天、化工、石油、冶金、轻工、电力、海水淡化、舰艇和日常生活器具等工业生产中，被誉为现代金属。图 7-9 所示为钛及其合金的应用。

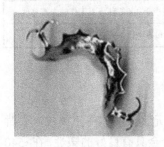

图 7-9 钛及其合金的应用

7.3.1　纯钛（Ti）

纯钛是一种银白色并具有同素异构转变现象的金属；在 882℃以下为密排六方晶格，称为 α-钛（α-Ti）。在 882℃以上为体心立方晶格，称为 β-钛（β-Ti）。纯钛的密度小（4.58g/cm³），熔点高（1677℃），热膨胀系数小，塑性好，容易加工成形，可制成细丝、薄片；在 550℃以下有很好的耐蚀性，不易氧化，在海水和蒸汽中的耐蚀能力比铝合金、不锈钢和镍合金还好。

工业纯钛的牌号、力学性能及用途见表 7-7。

表 7-7　工业纯钛的牌号、力学性能及用途

牌号	材料状态	力学性能（退火状态）			用　　途
		R_m（MPa）	A（%）	HBW	
TA1	板材	350～500	30～40	—	航空、航天：飞机、火箭的骨架，发动机的部件 化工：热交换器、泵体、搅拌器 造船：耐海水烛的管道、阀门、泵、发动机的活塞和连杆 医疗：人造骨骼、植入人体的固定螺钉 机械：在低于 350℃条件下工作且受力较小的零件
	棒材	343	25	80	
TA2	板材	450～600	25～30	—	
	棒材	441	20	75	
TA3	板材	550—700	20～25	—	
	棒材	539	15	50	

7.3.2　钛合金

目前世界上已研制出的钛合金有数百种，最著名的合金有 20～30 种，常用的钛合金可以分为 α 型、α+β 型、β 型合金三类。

1．α-钛合金

它的主要合金元素有 Al 和 Sn。由于此类合金的 α-钛向 β-钛转变温度较高，因而在室温或较高温度下均为单相 α 固溶体组织，不能进行热处理强化。常温下，它的硬度低于其他钛合金，但高温（500～600℃）条件下其强度最高，α-钛合金组织稳定，焊接性能良好。常用 α-钛合金的牌号、力学性能及用途见表 7-8。

表 7-8　常用 α-钛合金的牌号、力学性能及用途

牌　　号	力学性能（退火状态）		用　　途
	R_m（MPa）	A（%）	
TA5	686	15	与纯钛 TA1、TA2 等用途相似
TA6	686	20	飞机骨架，气压系统壳体、叶片，温度小于 400℃环境下工作的焊接零件
TA7	785	20	温度小于 500℃环境下长期工作的零件和各种模锻件

注：伸长率值指板材厚度在 0.8～1.5mm 的状态下。

2．β-钛合金

β-钛合金中主要加入铜、铬、铝、钒和铁等促使 β 相稳定的元素，它们在正火或淬火时容易将高温 β 相保留到室温组织，得到较稳定的 β 相组织。这类合金具有良好的塑性，在 540 ℃以下具有较高的强度，但其生产工艺复杂，合金密度大，故在生产中用途不广。

3. α+β 钛合金

这类合金除含有铬、铂，钒等 β 相稳定元素外，还含有锡、钼等 α 相稳定元素。在冷却到一定温度时发生 β→α 相转变，室温下为 α+β 两相组织。

α+β 钛合金的强度、耐热性和塑性都比较好，并可以热处理强化，应用范围较广。应用最广的是 TC4（钛铝钒合金），它具有较高的强度和良好的塑性，在 400℃时组织稳定，强度较高，抗海水腐蚀能力强。

α+β 钛合金的牌号、力学性能及用途见表 7-9。

表 7-9　α+β 钛合金的牌号、力学性能及用途

牌　号	力学性能（退火状态）		用　途
	R_m（MPa）	A（%）	
TC1	588	25	低于 400℃环境下工作的冲压件和焊接零件
TC2	686	15	低于 500℃环境下工作的焊接零件和模锻件
TC4	902	12	低于 400℃环境下长期工作的零件、各种锻件、各种容器、泵、坦克履带、舰船耐压壳体等
TC6	981	10	低于 350℃环境下工作的各种零件
TC10	1059	10	低于 450℃环境下长期工作的零件

7.3.3　钛的三大功能

功能材料是以物理性能为主的工程材料，即在电、磁、声、光、热等方面具有的特殊性质，或在其作用下表现出特殊功能的材料。通过对钛和钛合金的研究发现，其有三种特殊功能有应用前途。

1. 记忆功能

钛-镍合金在一定环境温度下具有单向、双向和全方位的记忆效应，被公认为最佳记忆合金。在工程上做管接头用于战斗机的油压系统，石油联合企业的输油管路系统，直径为 0.5mm 的丝做成的直径 500mm 抛物网状天线用在宇航飞行器上，在医学工程上用于鼾症治疗，制成螺钉用于骨折愈合等。上述应用均获得了明显效果。

2. 超导功能

钛-铌合金在温度低于临界温度时，呈现出零电阻的超导功能。

3. 储氢功能

钛-铁合金具有吸氢的特性，把大量的氢安全地存储起来，在一定的环境中又把氢气释放出来。这在氢气分离、氢气净化、氢气存储及运输、制造以氢为能源的热泵和蓄电池等方面很有应用前途。

7.4　硬质合金

硬质合金是指将一种或多种难熔金属硬碳化物和黏结剂金属，通过粉末冶金工艺生产

的一类合金材料。即将高硬度、难熔的碳化钨（WC）、碳化钛（TiC）、碳化钽（TaC）等和钴、镍等黏结剂金属，经制粉、配料（按一定比例混合）、压制成形，再通过高温烧结制成。

硬质合金具有硬度高、红硬性高、耐磨性高、抗压强度高等诸多优点。因此，硬质合金在刀、量、模具的制造中得到了广泛应用。

7.4.1　硬质合金的性能特点

硬度高、红硬性高、耐磨性好的硬质合金，在室温下的硬度可达 86～93HRA，在 900～1000℃温度下仍然有较高的硬度，故硬质合金刀具在使用时，其切削速度、耐磨性及使用寿命均比高速钢显著提高。

抗压强度比高速钢高，但抗弯强度只有高速钢的 1/3～1/2，韧性差，为淬火钢的 30%～50%。

7.4.2　常用的硬质合金

按成分与性能特点不同，常用的硬质合金有钨钴类硬质合金、钨钴钛类硬质合金和钨钛钽（铌）类硬质合金三大类，根据 ISO 相关标准规定，分别用英文字母 K、P、M 表示。

1. 钨钴类硬质合金（K 类硬质合金）

它的主要成分为碳化钨及钴。其牌号用"硬"、"钴"二字的汉语拼音字母字头"YG"加数字表示，数字表示含钴量的百分数。例如 YG8 表示钨钴类硬质合金，含钴量为 8%。

2. 钨钴钛类硬质合金（P 类硬质合金）

它的主要成分为碳化钨、碳化钛及钴。其牌号用"硬"、"钛"二字的汉语拼音字母字头"YT"加数字表示，数字表示含碳化钛的百分数。例如 YT5 表示钨钴钛类硬质合金，含碳化钛 5%。

硬质合金中，碳化物含量越多，钴含量越少，则合金的硬度、热硬性及耐磨性越高，合金的强度和韧性越低。含钴量相同时，由于碳化钛的加入，YT 类硬质合金具有较高的硬度及耐磨性，同时合金表面会形成一层氧化薄膜，切削不易粘刀，具有较高的热硬性；但其强度和韧性比 YG 类硬质合金低。因此，YG 类硬质合金刀具适合加工脆性材料（如铸铁、青铜等），而 YT 类硬质合金刀具适合加工塑性材料（如钢等）。

3. 钨钛钽（铌）类硬质合金（M 类硬质合金）

它是以碳化钽或碳化铌取代 YT 类硬质合金中的一部分碳化钛制成的。由于加入碳化钽（碳化铌），显著提高了合金的热硬性，常用来加工不锈钢、耐热钢、高锰钢等难加工的材料，所以也称其为"通用硬质合金"或"万能硬质合金"。万能硬质合金牌号用"硬"、"万"二字的汉语拼音字母字头"YW"加顺序号表示，如 YW1、YW2 等。

上述硬质合金，硬度高、脆性大，除磨削外，不能进行切削加工，一般不能制成形状复杂的整体刀具，故一般将硬质合金制成一定规格的刀片。使用前将其紧固（用焊接、粘接或机械紧固等方法）在刀体或模具上，如图 7-10 所示。

常用硬质合金的牌号、化学成分、力学性能及用途见表 7-10。

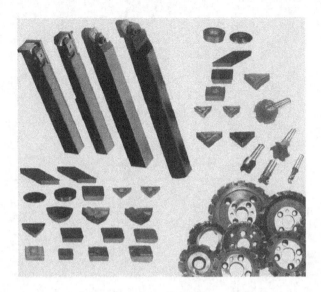

图 7-10 硬质合金刀片及刀具

表 7-10 常用硬质合金的牌号、化学成分、力学性能及用途

类别	牌号	ISO	化学成分（%）				力学性能（不低于）		用　途
			W_{WC}	W_{TiC}	W_{TaC}	W_{Co}	HRA	抗弯强度（MPa）	
钨钴类合金	YG3X	K01	96.5	—	<0.5	3	92	1000	适于制造加工铸铁、有色金属材料的刀具，钢、有色金属棒材与管材的拉伸模，冲击钻钻头，机器及工件的易磨损零件
	YG6	K20	94.0	—	—	6	89.5	1450	
	YG6X	K10	93.5	—	<0.5	6	91	1400	
	YG8	K20~K30	92.0	—	—	8	89	1500	
	YG8C	K30	92.0	—	—	8	88	1750	
	YG11C	K40	89.0	—	—	11	88.5	2100	
	YG15	K40	85.0	—	—	15	87	2200	
	YG20C	—	80.0	—	—	20	83	1400	
	YG6A	K10	91.0	—	<3	6	91.5	1500	
	YG8A	K20	91.0	—	<1	8	89.5	1400	
钨钴钛类合金	YT5	P30	85.0	5	—	10	88.5	1400	适于碳素钢、合金钢的连续切削加工
	YT15	P10	79.0	15	—	6	91	1130	
	YT30	—	66.0	30	—	4	92.5	880	
通用合金	YW1	M10	84.0	6	4	6	92	1230	适于高锰钢、不锈钢、耐热钢、普通合金钢及铸铁的加工
	YW2	M20	82.0	6	4	8	91.5	1470	

注：牌号"X"代表该晶粒是细颗粒，"C"代表该晶粒是粗颗粒，不标字母为一般颗粒合金，"A"代表在原合金基础上，还含有少量 TaC 或 NbC 的合金。

近年来，又开发了一种钢结硬质合金，它与上述硬质合金的不同点在于其黏结剂为合金粉末（不锈钢或高速钢），从而使其与钢一样可以进行锻造、切削、热处理及焊接，可以制成各种形状复杂的刀具、模具及耐磨零件等。例如高速钢结硬质合金可以制成整体的铣刀、钻头、滚刀等刀具。

第二单元
金属工艺

第 8 章

锻造与铸造

8.1 锻造

锻造是在压力设备及工（模）具的作用下，使金属坯料或铸锭产生塑性变形，以获得一定几何形状、尺寸和质量的锻件的加工方法。如图 8-1 所示齿轮，其齿轮坯可以通过锻造的方法来制造。

（a）齿轮　　　　　　　　　　　　　　　　　　　（b）齿轮坯

图 8-1　单级齿轮减速器中的齿轮

金属材料经过锻造变形而得到的工件或毛坯称为锻件。锻造一般可分为自由锻和模锻。

8.1.1　坯料的加热

锻造前通常要对工件进行加热。锻件加热可采用一般燃料的火焰加热，也可采用电加热。

1. 锻造的温度范围

锻造时允许加热达到的最高温度称为始锻温度，停止锻造的温度称为终锻温度。锻造温度范围是指锻件的始锻温度到终锻温度的温度间隔。金属变形必须在锻造温度范围内进行，否则锻件容易开裂或变形困难。几种常用金属材料的锻造温度范围见表 8-1。

2. 锻造的加热速度

加热时坯料表面温度升高的速度称为加热速度（单位为℃/h）。

提高加热速度可以提高生产效率，降低材料的烧损和钢材表面的脱碳，并减少燃料的消耗。坯料加热时，热量自外表面逐渐传递到内层，表面升温较快，内层较慢。因此，加热速度过快会造成坯料外表面来不及传递到内层，使坯料受热不均匀而产生很大的热应力，增大产生裂纹的可能性。

表 8-1 几种常用金属材料的锻造温度范围（℃）

材料类型	始锻温度	终锻温度
10、15、20、25、30、35、40、45、50	1200	800
15CrA、16Cr2MnTiA、38CrA、20MnA、20CrMnTiA	1200	800
12CrNi3A、12CrNi4A、38CrMoAlA、25CrMnNiTiA、30CrMnSiA、50CrVA、18Cr2Ni4WA、20CrNi3A	1180	850
40CrMnA	1150	800
铜合金	800～900	650～700
铝合金	450～500	350～380

8.1.2 自由锻

自由锻是利用冲击力或压力使金属在上、下砧面间各个方向自由变形，不受任何限制而获得所需形状和尺寸及一定力学性能的锻件的一种加工方法。

1. 自由锻设备

自由锻常用的机械设备有空气锤、蒸汽-空气锤和水压机等，如图 8-2 所示，分别适用于小型、中型和大型锻件的生产。

 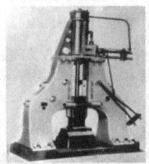 

（a）空气锤　　　　　　　　（b）蒸汽-空气锤　　　　　　（c）水压机

图 8-2 自由锻设备

2. 自由锻的基本工序

（1）镦粗

镦粗是对原坯料沿轴向锻打，使其高度降低、横截面面积增大的操作过程。这种工序常用于锻造齿轮坯及其他圆盘类锻件。镦粗可分为整体镦粗和局部镦粗两种，如图 8-3所示。

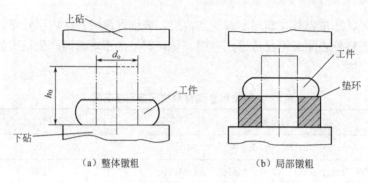

（a）整体镦粗　　　　　　　　　（b）局部镦粗

图 8-3　镦粗

（2）拔长

拔长是使坯料长度增加、横截面面积减小的锻造工序。通常用来生产轴类毛坯，如车床主轴、连杆等。拔长时，每次送进量 L 应为砧宽 B 的 30%～70%。若 L 太大，则金属横向流动多，纵向流动少，拔长效率反而下降；若 L 太小，又易产生夹层，如图 8-4 所示。

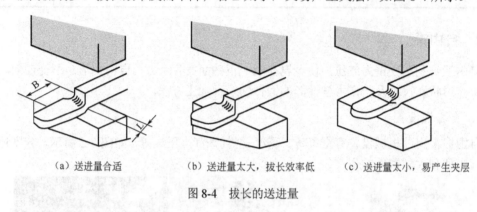

（a）送进量合适　　　（b）送进量太大，拔长效率低　　　（c）送进量太小，易产生夹层

图 8-4　拔长的送进量

圆形截面坯料拔长时，应先锻成方形截面，在拔长到接近锻件时，锻成八角形截面，最后倒棱滚打成圆形截面，如图 8-5 所示。这样拔长的效率高，且能避免引起中心裂纹。

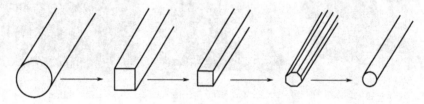

图 8-5　圆形坯料拔长时的过渡面形状

（3）冲孔

冲孔是用冲子在坯料上冲出通孔或不通孔的锻造工序。冲孔的方法有单面冲孔和双面冲孔两种。

① 单面冲孔。厚度小的坯料可采用单面冲孔法。冲孔时，坯料置于垫环上，将一略带锥度的冲头大端对准冲孔位置，用锤击方法打入坯料，直至孔穿透为止，如图 8-6 所示。

② 双面冲孔。如图 18-7 所示，在镦粗平整的坯料表面上先预冲一凹坑，放少许煤粉，再继续冲至约 3/4 深度时，借助煤粉燃烧的膨胀气体取出冲子，翻转坯料，从反面将孔冲透。

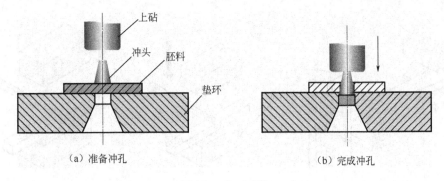

（a）准备冲孔　　　　　　　　　　　　　（b）完成冲孔

图 8-6　单面冲孔

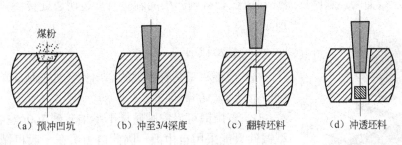

（a）预冲凹坑　　（b）冲至3/4深度　　（c）翻转坯料　　（d）冲透坯料

图 8-7　双面冲孔

（4）弯曲

使坯料弯曲成一定角度或形状的锻造工序称为弯曲，如图 8-8 所示。

弯曲用于制造吊钩、链环、弯板等锻件。弯曲时，锻件的加热部分最好只限于被弯曲的一段，且加热必须均匀。

（5）扭转

扭转是使坯料的一部分相对于另一部分旋转一定角度的锻造工序，如图 8-9 所示。锻造多拐曲轴、连杆等锻件和校直锻件时常用这种工序。

（6）切断

切断是分割坯料或切除料头的锻造工序，如切去料头、下料和切断成一定形状等。

切断方形截面的坯料时，先将剁刀垂直切入锻件，至快断开时，将坯料翻转 180°，再用剁刀或克棍将坯料截断，如图 8-10 所示。

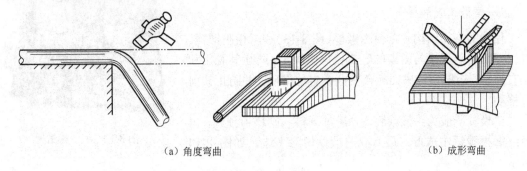

（a）角度弯曲　　　　　　　　　　　　　（b）成形弯曲

图 8-8　弯曲

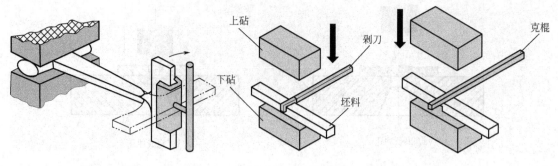

图 8-9　扭转

图 8-10　方形截面切断

切断圆形截面的坯料时要将坯料放在带有圆凹槽的剁垫上，边切边旋转坯料，如图 8-11 所示。

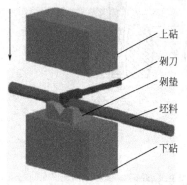

图 8-11　圆形截面切断

3. 自由锻的特点

① 设备和工具有很大的通用性，且工具简单，通常只能制造形状简单的锻件。

② 自由锻可以锻制质量不足 1kg 到 300t 左右的锻件。大型锻件只能采用自由锻，因此自由锻在一般机械制造中具有重要意义。

③ 自由锻依靠操作者的技术控制形状和尺寸，锻件精度低，表面质量差，金属消耗多。

基于上述特点，自由锻主要用于品种多、产量不大的单件或小批量生产，也可用于模锻前的制坯。

8.1.3　模锻

将加热后的坯料放在锻模的模腔内，经过锻造，使其在模腔所限制的空间内产生塑性变形，从而获得锻件的锻造方法称为模锻。

模锻的生产率和锻件精度比自由锻高，可锻造形状较复杂的锻件，但模锻需要专用设备（图 8-12），且模具制造成本高，只适用于大量生产。

1. 模锻工艺过程

模锻的锻模结构有单模膛锻模（图 8-13）和多模膛锻模。

模锻用燕尾槽与斜楔的配合使锻模固定，防止其脱出和左右移动；用键与键槽的配合使锻模定位准确，并防止其前后移动。

单模膛一般为终锻模膛，先经过下料→制坯→预锻，再经终锻模膛锤击成形，最后取出锻件切除飞边，如图 8-14 所示。

图 8-12　液压模锻锤

2. 模锻的特点及应用

与自由锻相比，模锻的特点是：

① 由于有模腔引导金属的流动，锻件的形状可以比较复杂。

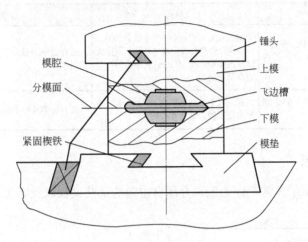

图 8-13　单模腔锻模

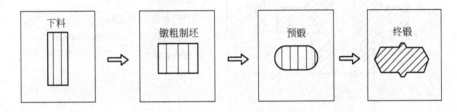

图 8-14　模锻工艺过程

② 锻件内部的锻造流线按锻件轮廓分布，从而提高了工件的力学性能和使用寿命。

③ 锻件表面光洁、尺寸精度高，可节约材料和切削加工工时。

④ 生产率较高。

⑤ 操作简单，易于实现机械化。

⑥ 锻模所需设备吨位大，设备费用高；加工工艺复杂，制造周期长，费用高。

模锻只适用于中、小型锻件的成批或大量生产。

8.1.4　锻件的锻后冷却

锻件的锻后冷却是保证锻件质量的重要环节。常用的锻后冷却方式见表 8-2。

表 8-2　常用的锻后冷却方式

冷却方式	定义	特点	适用场合
空冷	热态锻件在空气中冷却的方法	锻后置于空气中散放，冷却速度快，晶粒细化	低碳、低合金中小型锻件或锻后不直接切削加工件
堆冷	将热态锻件成堆放在空气中进行冷却的方法	冷却速度低于空冷	低碳钢、中碳钢的小型锻件
坑冷	将热态锻件放在地坑（或铁箱）中缓慢冷却的方法	锻后置于填有石灰、砂子或炉灰的坑内或箱内堆在一起。冷速稍慢，其冷却速度比堆冷低	低合金钢及截面尺寸较大的锻件，锻后可直接切削加工

续表

冷却方式	定义	特点	适用场合
灰砂冷	将热态锻件埋入炉渣、灰或砂中缓慢冷却的冷却方法	锻件入灰（砂）温度一般不低于500℃，冷却至150℃左右出灰（砂），周围蓄砂厚度不能小于80mm 灰砂冷的冷却速度低于坑冷	低合金钢及截面尺寸较大的锻件，锻后可直接切削加工
炉冷	锻后锻件放入炉中缓慢冷却的方法	锻后置于原加热炉中，随炉冷却，冷却速度极慢，低于灰砂冷	高合金钢及中大型锻件，锻后可切削加工

8.1.5 自由锻工艺

下面以图8-15所示压盖毛坯为例，介绍自由锻的工艺过程以及各工序内容，见表8-3。

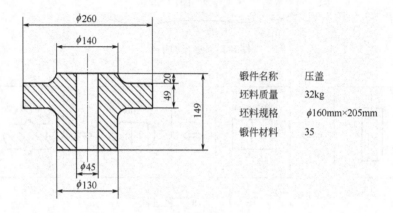

锻件名称	压盖
坯料质量	32kg
坯料规格	φ160mm×205mm
锻件材料	35

图8-15 压盖毛坯图

表8-3 压盖毛坯自由锻工艺

锻件名称		齿轮坯	工艺类别	自由锻
材料		35钢	设备	65kg空气锤
加热次数		1	锻造温度范围	800～1200℃
序号	工序名称	图示	工艺装备	工序内容
1	下料	毛坯为φ160mm×205mm	锯床、带锯	
2	印槽		火钳、剁刀	在距一端55mm处压出环形槽
3	一端拔小		火钳	一端拔长，控制直径φ130mm

序号	工序名称	图示	工艺装备	工序内容
4	端部镦粗	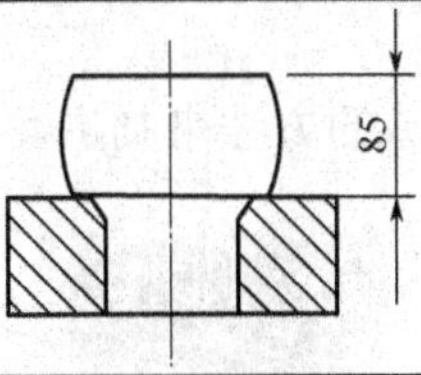	火钳、墩粗漏盘	控制镦粗后的高度为85mm
5	滚圆	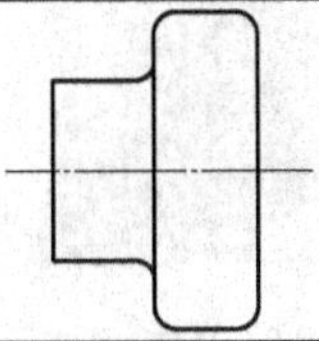	火钳	边轻打边旋转锻件，使外圆清除鼓形
6	冲孔	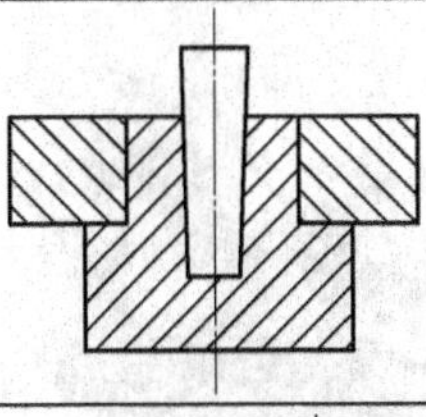	火钳、冲子、墩粗漏盘	（1）注意冲子对中 （2）采用双面冲孔
7	锻出凸台	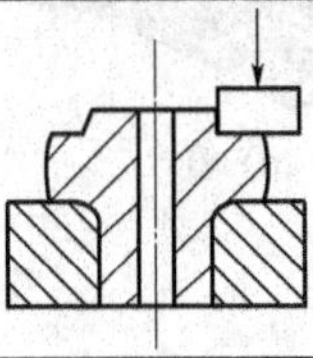	火钳、墩粗漏盘、克棍	在大端锻压出凸台
8	两垫环中修正	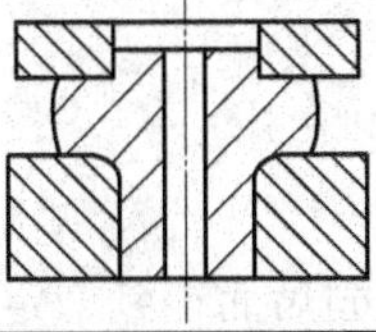	火钳、墩粗漏盘、垫环	轻打（如端面不平还要边打边转动锻件），使锻件大端厚度达到49±1mm
9	外圆修正		火钳、冲子	边轻打边旋转锻件，使外圆清除鼓形

8.1.6 自由锻的常见缺陷

自由锻的常见缺陷见表 8-4。

表 8-4 自由锻的常见缺陷

缺陷	裂纹	末端凹陷和轴心裂纹	折叠
图示	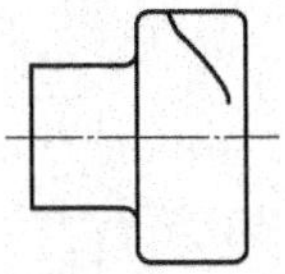	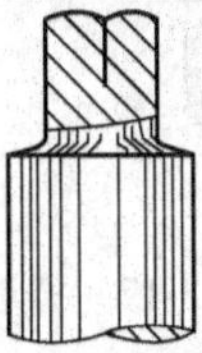	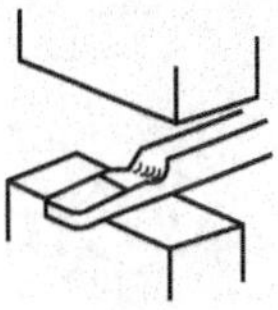
产生原因	（1）坯料质量不好 （2）加热不充分 （3）锻造温度过低 （4）锻件冷却不当 （5）锻造方法有误	（1）锻造时坯料内部未热透，变形只产生在坯料表面 （2）坯料整个截面未锻透，变形只产生在坯料表面	坯料在锻压时送进量小于单面压下量

8.2 铸造

如图 8-16 所示的零件，它们的毛坯都可以通过铸造的方法来制造。

（a）闷盖　　　　　　　　　　　（b）管件

（c）箱盖　　　　　　　　　　　（d）箱体

图 8-16　典型的铸造零件

8.2.1　铸造基础

1. 铸造及其分类

将熔融金属浇注、压射或吸入铸型型腔中，待其凝固后而得到一定形状和性能铸件的方法称为铸造，如图 8-17（a）所示。铸造所得到的金属工件或毛坯称为铸件，如图 8-17（b）所示。

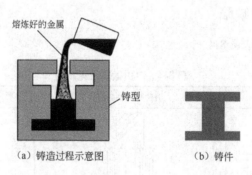

熔炼好的金属

铸型

（a）铸造过程示意图　　　　　　（b）铸件

图 8-17　铸造

铸造的方法很多，按生产方法不同可分为砂型铸造和特种铸造。特种铸造又可分为熔模铸造、金属型铸造、压力铸造和离心铸造等。

2. 铸造的特点

① 可以生产出形状复杂,特别是具有复杂内腔的工件毛坯,如各种箱体、床身、机架等。

② 产品的适应性广,工艺灵活性大,工业上常用的金属材料均可用来进行铸造,铸件的质量可由几克到几百吨。

③ 原材料大都来源广泛,价格低廉,并可直接利用废旧机件,故铸件成本较低。

④ 铸件组织疏松,晶粒粗大,内部易产生缩孔等缺陷,会导致铸件的力学性能特别是冲击韧度低,铸件质量不够稳定。

3. 铸造的应用

铸件被广泛应用于机械工件的毛坯制造。在各种机械和设备中,铸件在质量上占有很大的比例。如在拖拉机及其他农业机械中,铸件的质量所占比例达 40%～70%,在金属切削机床、内燃机中可达 70%～80%,在重型机械设备中则可高达 90%。但由于铸造易产生缺陷,性能不高,因此多用于制造承受应力不大的工件。

8.2.2 砂型铸造

用型砂紧实成型的铸造方法称为砂型铸造。砂型铸造不受合金种类、铸件形状和尺寸的限制,是应用最为广泛的一种铸造方法。砂型铸造具有操作灵活、设备简单、生产准备时间短等优点,适用于各种批量的生产。目前我国砂型铸造件占铸件总产量的 80%以上。但砂型铸造件尺寸精度低,质量不稳定,容易形成废品,不适用于铸件精度要求较高的场合。

1. 砂型铸造的工艺过程

砂型铸造的工艺过程如图 8-18 所示。铸造时,根据工件的铸造要求,按照制造模样、制备造型材料、造型、造芯、合箱、金属熔炼、浇注、冷却、落砂、清理等工艺过程即可得到铸件,经检验合格后获得所需的工件。

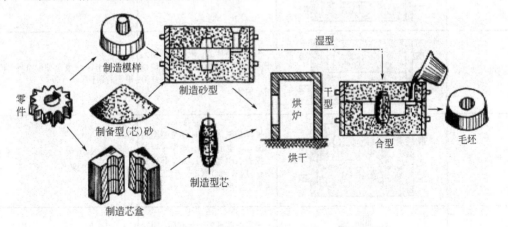

图 8-18 砂型铸造的工艺过程

(1)制作模样与芯盒

用来形成铸型型腔的工艺装备称为模样。制造砂型时,使用模样可以获得与工件外部轮廓相似的形腔。模样按其使用特点可分为消耗模样和可复用模样两大类。消耗模样只用一次,制成铸型后，根据模样材料的性质，用熔解、熔化或气化的方式将其破坏，从铸型中脱除。砂型铸造中采用的是可复用模样。

用来制造型芯的工艺装备称为芯盒。芯盒的内腔与型芯的形状和尺寸相同。通常在铸型中，型芯形成铸件内部的孔穴，但有时也形成铸件的局部外形。

（2）制备型（芯）砂

型（芯）砂是用来制造铸型的材料。在砂型铸造中，型（芯）砂的基本原材料是铸造砂和型砂黏结剂。常用的铸造砂有原砂、硅质砂、锆英砂、铬铁矿砂、刚玉砂等。

（3）造型

利用制备的型砂及模样等制造铸型的过程称为造型。砂型铸造件的外形取决于型砂的造型，造型方法有手工造型和机器造型两种。

① 手工造型。手工造型是全部用手工或手动工具完成的造型工序。手工造型操作灵活、适应性广、工艺装备简单、成本低，但其铸件质量不稳定、生产率低、劳动强度大、操作技艺要求高，所以手工造型主要用于单件或小批生产，特别是大型和形状复杂的铸件。手工造型的方法、特点及应用场合见表 8-5。

表 8-5　手工造型的方法、特点及应用场合

方法	图　示	特　点	应用场合
两箱造型		铸型由成对的上型和下型构成，操作简单	适用于各种生产批量和各种大小的铸件
三箱造型		铸型由上、中、下三型构成，中型高度需与铸件两个分型面的间距相适应。操作费工	主要适用于具有两个分型面的铸件的单件或小批量生产
整模造型		模样是整体的，铸件分型面为平面，铸型型腔全部在半个铸型内，其造型简单，铸件不会产生错型缺陷	适用于铸件最大截面在一端且为平面的铸件
挖砂造型		模样是整体的，铸件分型面为曲面。为便于起模，造型时用手工挖去阻碍起模的型砂。其造型操作复杂，生产率低，对工人技术水平要求高	适用于分型面不是平面的单件或小批量生产的铸件
假箱造型		在造型前预先做一底胎（即假箱），然后在底胎上制作下箱，底胎不参与浇注，故称假箱。比挖砂造型操作简单，且分型面整齐	用于代替批量生产中需要挖砂造型的铸件

方法	图　示	特　点	应用场合
分模造型		分模造型是将模样沿最大截面处分成两半，型腔位于上、下两个砂箱内，造型简单，生产率低	常用于最大截面在中部的铸件

② 机器造型。机器造型是指用机器全部完成或至少完成紧砂操作的造型工序。

紧砂是指使砂箱内的型砂和芯盒内的芯砂提高紧实度的操作。常用方法有压实法、振实法、抛砂法等。图 8-19 所示为用振压式造型机紧砂和起模的示意图。

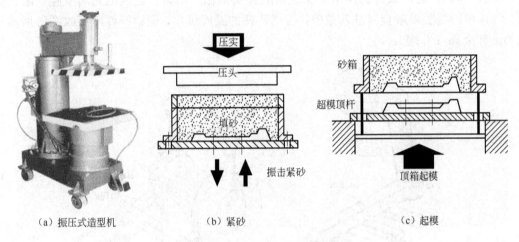

（a）振压式造型机　　　　　（b）紧砂　　　　　　　（c）起模

图 8-19　振压式造型机紧砂和起模

机器造型铸件尺寸精确、表面质量好、加工余量小，但需要专用设备，投资较大，适用于大批生产。

（4）造芯

制造型芯的过程称为造芯。造芯分为手工造芯和机器造芯。砂芯的制造方法是根据砂芯尺寸、形状、生产批量及具体的生产条件进行选择的。单件或小批生产时，采用手工造芯；批量生产时，采用机器造芯。机器造芯生产率高，紧实度均匀，砂芯质量好。

常用的手工造芯方法是芯盒造芯。芯盒通常由两部分组成，如图 8-20 所示。

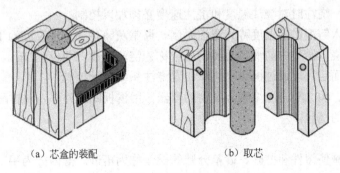

（a）芯盒的装配　　　　　（b）取芯

图 8-20　芯盒造芯示意图

（5）合箱

合箱又称合型，是将铸型的各个组元，如上型、下型、型芯、浇注系统等组合成一个完整铸型的操作过程。

（6）熔炼

熔炼是使金属由固态转变为熔融状态的过程。冲天炉是最常用的熔炼设备。

（7）浇注

把熔融金属注入铸型的过程称为浇注，液体金属通过浇注系统进入型腔。

① 浇注系统。铸型中引导液体金属进入型腔的通道称为浇注系统，是为填充型腔和冒口而开设于铸型中的一系列通道，通常由浇口杯、直浇道、横浇道和内浇道组成 [图 8-21（a）]。浇注系统的作用是保证熔融金属平稳、均匀、连续地充满型腔，阻止熔渣、气体和砂粒随熔融金属进入型腔，控制铸件的凝固顺序，供给铸件冷凝收缩时所需补充的液体金属（补缩）。

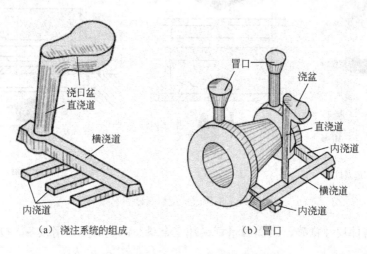

（a）浇注系统的组成　　　　　（b）冒口

图 8-21　浇注系统和冒口

② 冒口。冒口是铸型内存储供补缩铸件用熔融金属的空腔 [图 8-21（b）]。尺寸较大的铸件设置冒口除起到补缩作用外，还起到排气、集渣的作用。冒口一般设置在铸件的最高处和最厚处。

③ 浇注工艺要求。浇注温度的高低及浇注速度的快慢是影响铸件质量的重要因素。为了获得优质铸件，浇注时对浇注温度和浇注速度必须加以控制。

液体金属浇入铸型时的温度称为浇注温度。通常灰铸件的浇注温度为 1200～1380℃。

单位时间内浇入铸型中的液体金属的质量称为浇注速度，单位为 kg/s。浇注速度应根据铸件的具体情况而定，可通过操纵浇包和布置浇注系统进行控制。

浇包是容纳、输送和浇注熔融金属用的容器，用钢板制成外壳，内衬耐火材料。图 8-22所示为几种常用的浇包。

（8）落砂

用手工或机械使铸件和型砂、砂箱分开的操作称为落砂。落砂分为手工落砂和机械落砂两种。手工落砂用于单件或小批生产；机械落砂一般由落砂机进行，用于大批生产。

铸件浇注后，铸件在砂型内应有足够的冷却时间，冷却时间可根据铸件的成分、形状、大小和壁厚确定。过早进行落砂，会因铸件冷却速度太快而使其内应力增加，甚至变形、开裂。

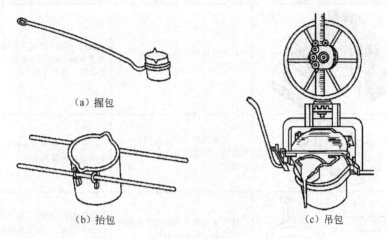

（a）握包

（b）抬包

（c）吊包

图 8-22　常用浇包

（9）清理

清理是落砂后从铸件上清除表面黏砂、型砂、多余金属（包括浇冒口、飞翅）和氧化皮等过程的总称。清除浇冒口时要避免损伤铸件。铸件表面的粘砂、细小飞边、氧化皮等可采用滚筒清理、抛丸清理、打磨清理等。

（10）检验

经落砂、清理后的铸件应进行质量检验。铸件的质量检验包括外观质量、内在质量和使用质量。铸件均须进行外观质量检查，重要的铸件则还需要进行必要的内在质量和使用质量检查。

2．铸件的缺陷

由于铸造工艺较为复杂，铸件质量受型砂的质量、造型、熔炼、浇注等诸多因素的影响，容易产生缺陷，铸件常见缺陷见表 8-6。

表 8-6　铸件常见缺陷

缺陷	图　示	特　征	产 生 原 因
气孔		表面比较光滑，呈梨形、圆形的孔洞，一般不在表面露出。大的气孔常孤立存在，小的气孔则成群出现	型砂含水过多，透气性差，起模和修型时刷水过多，砂芯烘干不良或砂芯通气孔堵塞，浇注温度过低或浇注速度太快
缩孔		形状规则、孔壁粗糙并带有枝状晶的孔洞。缩孔多分布在铸件厚断面处或最后凝固的部位	铸件结构不合理，如壁厚相差过大，造成局部收缩过程中得不到足够熔融金属的补充；补缩不良

缺陷	图　示	特　征	产生原因
砂眼		在铸件内部或表面有充塞砂粒的孔眼	型砂和芯砂的强度不够；砂型和砂芯的紧实度不够；合箱时铸型局部损坏；浇注系统不合理，冲坏了铸型
粘砂		在铸件表面上牢固粘结的一层不易清除的金属液与型壳材料的混合物	型砂和芯砂的耐火性不够，浇注温度太高，未刷涂料或涂料太薄
冷隔		铸件上有未完全融合的缝隙或注坑，其交接处是圆滑的	浇注温度太低，浇注速度太慢或浇注过程曾有中断，浇注系统位置开设不当或浇道太小
浇不足		铸件不完整	浇注时金属量不够，浇注时液体金属从分型面流出，铸件太薄，浇注温度太低，浇注速度太慢
裂纹		裂纹即铸件开裂，分冷裂和热裂	铸件结构不合理，壁厚相差太大；砂型和砂芯的退让性差；落砂过早

8.2.3　铸造工艺

下面以端盖毛坯为例，介绍砂型铸造的工艺过程以及各工序内容，见表 8-7。

表 8-7　端盖坯砂型铸造的工艺过程

序号	工序名称	图　示	说　明
1	分析铸件图的图样	$\phi 50$　36　20　$\phi 76$	（1）选择左端面为分型面。分型面是上、下砂型的分界面，选择分型面时必须使模样从砂型中取出，并使造型方便和有利于保证铸件质量 （2）确定拔模斜度为3°。为了易于从砂型中取出模样，凡垂直于分型面的表面，都需要做出 0.5°～4° 的拔模斜度 （3）采用整模两箱铸造
2	配置型砂		（1）旧砂+新砂+黏土+煤粉+水 （2）混碾时间为 6～7min，混碾后进行 5h 左右的调匀作业 （3）调匀后进行过筛、打松后再用，使型砂具有松散性，以提高透气性、流动性等

续表

序号	工序名称	图　示	说　明
3	（1）造下砂型	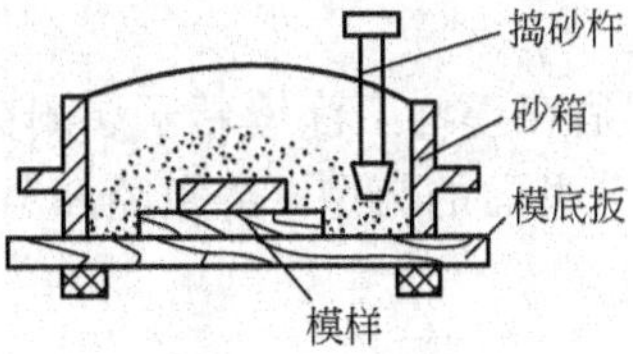	将模样安放在底板上的砂箱内，安放两个定位销座，加砂用砂冲子捣紧，用刮砂板刮平
	（2）造上砂型	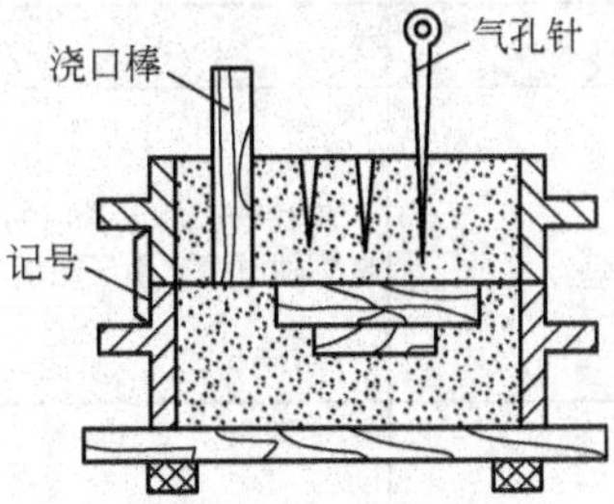	翻转下砂型，按要求放好上砂箱、浇口棒和定位销，撒分型砂后加型砂造上砂型
	（3）开外浇口，扎通气孔		（1）外浇口应挖成 60°的锥形，大端直径为 60～80mm。浇口面应修光，与直浇道连接处应修成圆弧过渡，以引导液体金属平稳流入砂型 （2）除了保证砂型有良好的透气性外，还要用通气针扎出通气孔，以便浇注时气体易于逸出，通气孔要垂直且均匀分布
	（4）起出模样	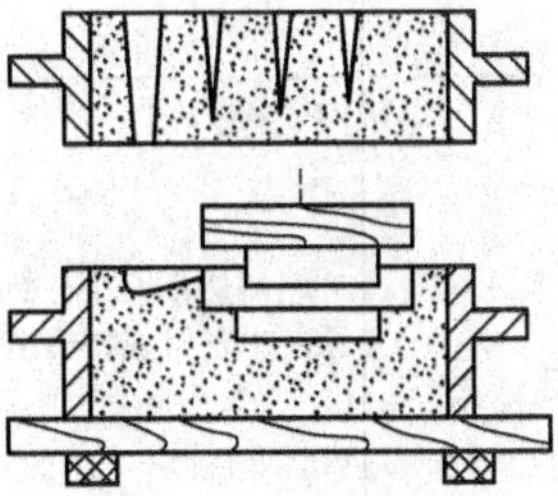	（1）起模时，慢慢将木模垂直提起，待木模即将全部起出时快速取出 （2）起模时注意不要偏斜和摆动
	（5）合型	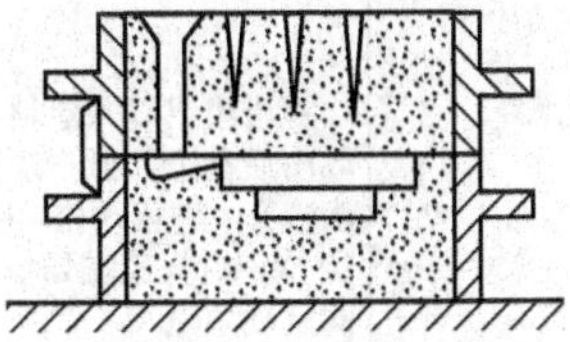	将模样、浇口杯等组合成一个完整铸型
4	合箱浇注		将上下箱合起来，形成一个有浇冒口和型腔的铸型，进行浇铸
5	落砂清理	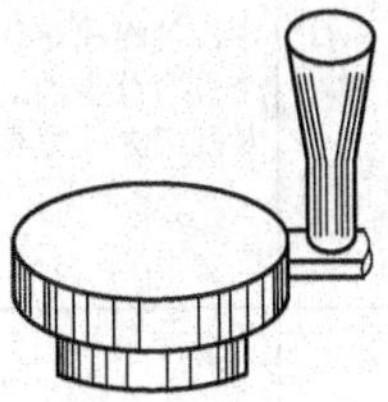	经适当的冷却时间，取出带浇口的铸件并清理
6	检验		进行质量检验，铸件入库

8.2.4 特种铸造

1. 熔模铸造

熔模铸造是利用易熔材料制成模样，然后在模样上涂覆若干层耐火涂料制成型壳，经硬化后再将模样熔化，排出型外，从而获得无分型面的铸型。铸型经高温焙烧后即可进行浇注。熔模浇注的工艺过程见表 8-8。

表 8-8　熔模浇注的工艺过程

工艺过程		图 示	说 明
1. 制作蜡模	(1) 压型	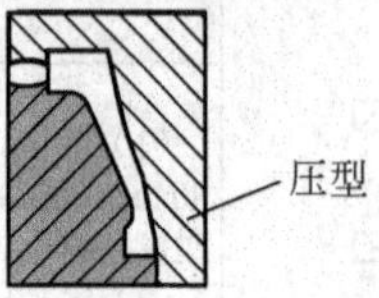	将糊状腊料（常用的低熔点蜡基模料为 50%石蜡加 50%硬质酸）用压蜡机压入压型型腔
	(2) 单个蜡模	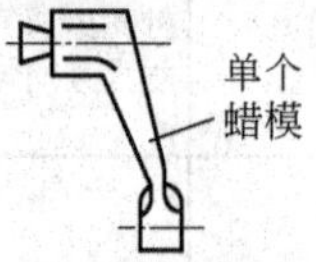	凝固后取出，得到蜡模
	(3) 蜡模组	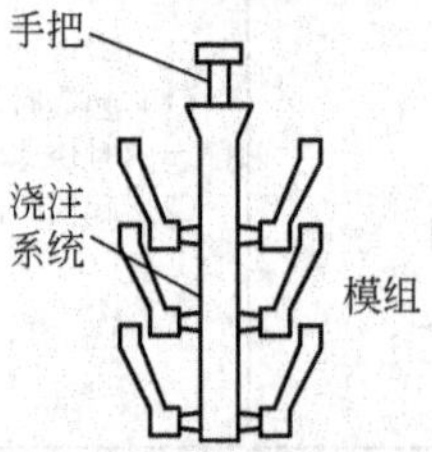	在铸造小型工件时，常将很多蜡模粘在蜡质的浇注系统上，组成蜡模组
2. 制作型壳	(1) 蜡模型壳	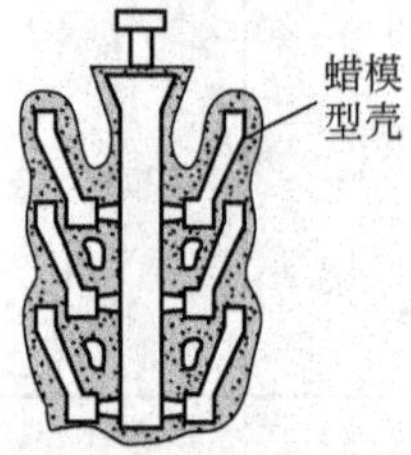	将蜡模组浸入涂料（石英粉加水玻璃黏结剂）中，取出后在上面撒一层硅砂，再放入硬化剂（如氯化铵溶液）中进行硬化。反复进行挂涂料、撒砂、硬化 4～10 次，这样就在蜡模组表面形成由多层耐火材料构成的坚硬型壳
	(2) 脱蜡后的型壳	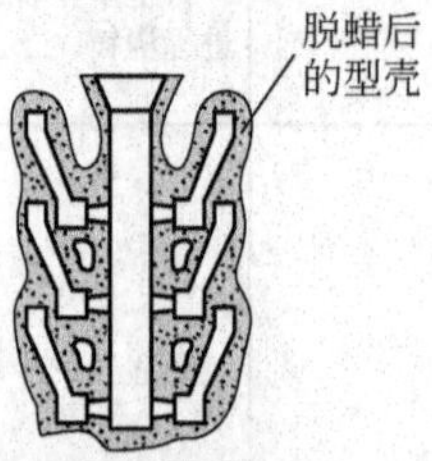	将带有蜡模组的型壳放入 80°～90°的热水或蒸汽中，使蜡模熔化并从浇注系统中流出，于是就得到一个没有分型面的型壳。再经烘干、焙烧，以去除水分及残蜡并使型壳强度进一步提高
3. 浇注	(1) 填砂捣实	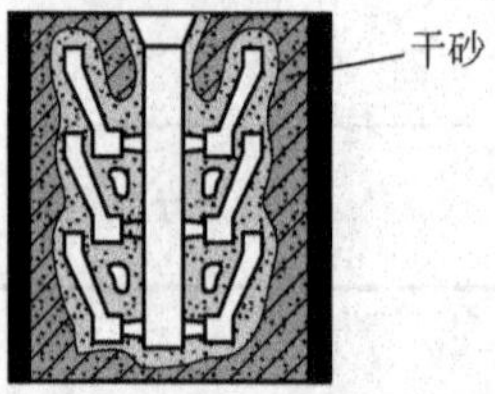	将型壳放入砂箱，四周填入干砂捣实

续表

工艺过程		图　示	说　明
3．浇注	（2）浇注	液体金属	装炉焙烧（800～1000℃），将型壳从炉中取出后，趁热（600～700℃）进行浇注
4．铸件	拔叉铸件		冷却凝固后清除型壳，便得到一组带有浇注系统的铸件，再经清理、检验就可得到合格的熔模铸件

2．金属型铸造

金属型铸造又称硬模铸造，是将液体金属浇入金属铸型，在重力作用下充填铸型以获得铸件的铸造方法，如图 8-23 所示。为了保证铸型的使用寿命，制造铸型的材料应具有高的耐热和导热性，反复受热不变形、不破坏，具有一定的强度、韧性、耐磨性，以及良好的切削加工性能。在生产中，常选用铸铁、碳素钢或低合金钢作为铸型材料。

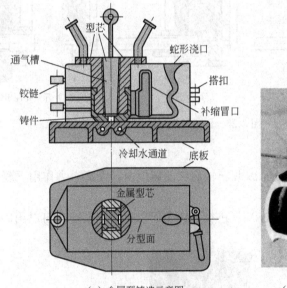

（a）金属型铸造示意图　　　　　　　（b）金属型铸造产品

图 8-23　金属型铸造

金属型导热性好，液体金属冷却速度快，流动性降低快，故金属型铸造时浇注温度比砂型铸造高。在铸造前需要对金属型进行预热，铸造前未对金属型进行预热而进行浇注容易使铸件产生冷隔、浇不足、夹杂、气孔等缺陷，未预热的金属型在浇注时还会使铸型受到强烈的热冲击，应力倍增，使其极易被破坏。

3．压力铸造

压力铸造简称压铸，是利用高压使液态或半液态金属以较高的速度充填金属型型腔，并在压力下成形和凝固而获得铸件的方法。压力铸造主要由压铸机来实现，如图 8-24 所示。

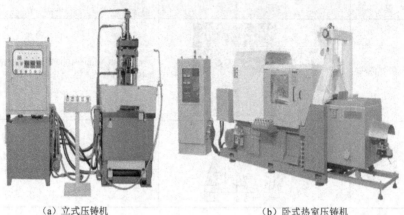

（a）立式压铸机　　　　　　　　　　　　（b）卧式热室压铸机

图 8-24　压铸机

压力铸造过程如图 8-25 所示。

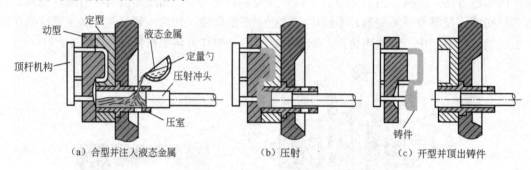

（a）合型并注入液态金属　　　　（b）压射　　　　（c）开型并顶出铸件

图 8-25　压力铸造过程

4. 离心铸造

将熔融金属浇入绕水平轴、立轴或倾斜轴旋转的铸型内，在离心力作用下凝固成形，这种铸造方法称为离心铸造。

离心铸造在离心铸造机（图 8-26）上进行，铸型可以用金属型，也可以用砂型。

图 8-26　离心铸造机

图 8-27 所示为离心铸造的工作原理，图 8-27（a）所示为绕立轴旋转的离心铸造，铸件

内表面呈抛物面，铸件壁厚上下不均匀，并随着铸件高度增大而愈加严重，因此只适用于制造高度较小的环类、盘套类铸件；图 8-27（b）所示为绕水平轴旋转的离心铸造，铸件壁厚均匀，适用于制造管、筒、套（包括双金属衬套）及辊轴等铸件。

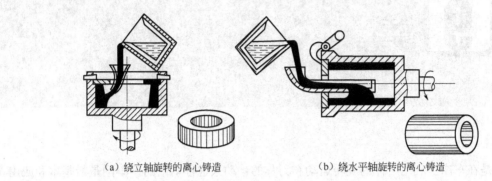

（a）绕立轴旋转的离心铸造　　　　　　　　（b）绕水平轴旋转的离心铸造

图 8-27　离心铸造的工作原理

第 **9** 章

车 削

车削是在车床上利用工件的旋转运动和刀具的移动来进行切削的，车削是最基本和应用最广泛的切削方法。图 9-1 所示零件就是在车床上加工出来的。

（a）齿轮轴　　　　　　　　　（b）透盖　　　　　　　　　（c）皮带轮

图 9-1　减速器上的零件

9.1　车床

车床的种类很多，主要有仪表车床、自动车床、半自动车床、回轮车床、转塔车床、立式车床、落地车床、卧式车床和数控车床等，其中以卧式车床应用最广泛。

9.1.1　卧式车床

1. 卧式车床外形

CA6140 型卧式车床的外形如图 9-2 所示。

2. 卧式车床主要部件及其功用

卧式车床主要部件及其功用见表 9-1。

9.1.2　车削运动

切削时，工件与刀具的相对运动称为切削运动。切削运动包括主运动和进给运动。主运动是由机床或人力提供的主要运动，它促使刀具和工件之间产生相对运动，从而使刀具前面接近工件。主运动是切除工件表面多余材料所需的最基本的运动。进给运动是使工件切削层材料相继投入切削，从而加工出完整表面所需的运动。在切削运动中，通常主运动的运动速度（线速度）较高，所消耗的功率也较大。

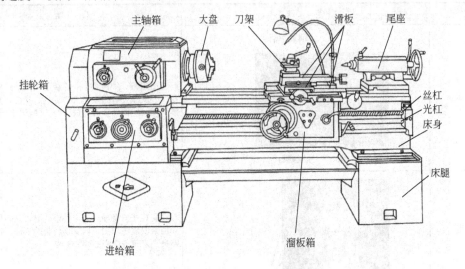

图 9-2 CA6140 型卧式车床外形

表 9-1 卧式车床主要部件及其功用

名　称	图　示	作　用
主轴箱 （主轴变速箱）		它支撑主轴，带动工件做转运动。箱外有手柄，变换手柄位置，可使主轴得到多种转速。卡盘装在主轴上，卡盘夹持工件作旋转运动
交换齿轮箱 （挂轮箱）	主轴 交换齿轮	它接受主轴箱传递的转动，并传递给进给箱。更换箱内的齿轮，配合进给箱变速机构，可以车削各种导程的螺纹；并满足车削时对纵向和横向不同进给量的需求
进给箱 （变速箱）	进给箱	它是进给传动系统的变速机构。它把交换齿轮箱传递过来的运动，经过变速后传递给丝杠或光杠
溜板箱	中滑板手柄 启、停按钮 开合螺母手柄 床鞍手柄	它接受光杠或丝杠传递的运动，操纵箱外手柄及按钮，通过快移机构驱动刀架部分以实现车刀的纵向或横向运动

名　　称	图　　示	作　　用
刀架部分	锁紧手柄 刀架　压紧螺钉	它由床鞍、中滑板、小滑板和刀架等组成。刀架用于装夹车刀并带动车刀作纵向、横向、斜向和曲线运动，从而使车刀完成工件各种表面的车削
尾座	摇动手柄 锁紧装置	它安装在床身导轨上，并沿此导轨纵向移动。主要用来安装后顶尖，以支顶较长的工件；也可安装钻夹头来装夹中心钻或钻头等
床身	床身 导轨	它是车床的大型基础部件，它有两条精度很高的 V 形导轨和矩形导轨。主要用于支撑和连接车床的各个部件，并保证各部件在工作时有准确的相对位置
照明、冷却装置	冷却管	照明灯使用安全电压，为操作者提供充足的光线，保证明亮清晰的操作环境 切削液被冷却泵加压后，通过冷却管喷射到切削区域

车削时，主运动是工件旋转，进给运动是车刀移动，如图 9-3 所示。

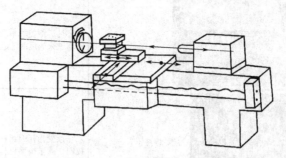

图 9-3　主运动和进给运动

如图 9-4 所示，电动机驱动带轮，将运动传递到主轴箱，通过变速机构变速，使主轴等到不同的转速，再经卡盘（或夹具）带动工件旋转。主轴把旋转运动输入交换齿轮箱，再通过进给箱变速后由丝杠或光杠驱动溜板箱和刀架部分，可以很方便地实现手动、机动、快速移动及车螺纹等运动。

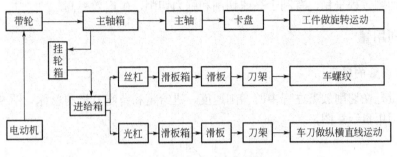

图 9-4　车床传动路线框图

9.1.3　车削的加工范围及特点

1. 车削的加工范围

车削的加工范围很广，如图 9-5 所示。如果在车床上装上一些附件和夹具，还可进行镗削和磨削等。

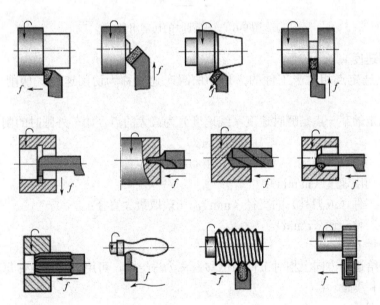

图 9-5　车削的加工范围

2. 车削的特点

与机械制造业中的其他加工方法相比较，车削有以下特点。

① 车削适合于加工各种内、外回转表面。

② 车刀结构简单，制造容易，刃磨及装拆方便。

③ 车削对工件的结构、材料、生产批量等有较强的适应性，因此应用广泛。除可车削各种钢材、铸铁、有色金属外，还可车削玻璃钢、尼龙等非金属材料。

④ 除毛坯表面余量不均匀外，绝大多数车削为等切削横截面的连续切削，因此，切削力变化小，切削过程平稳，有利于高速切削和强力切削，生产效率高。

9.1.4 切削用量

1. 切削用量的概念

切削用量是在切削加工过程中的切削速度、进给量和背吃刀量的总称。图 9-6 所示为车外圆时的切削用量示意图。

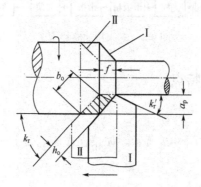

图 9-6 车外圆时的切削用量

（1）切削速度 v_c

切削刃上选定点相对于工件的主运动的瞬时速度称为切削速度。切削速度的单位为 m/min 或 m/s。

通常，选定的某一点是瞬时速度（线速度）为最大的点。如车外圆时的削速度 v_c：

$$v_c = \frac{\pi d n}{1000} \approx \frac{dn}{318}$$

式中，v_c ——切削速度（m/min）；

$\quad\ d$ ——工件（或刀具）的直径（mm），一般取最大直径；

$\quad\ n$ ——工件转速（r/min）。

（2）进给量 f

刀具在进给运动方向上相对工件的位移量称为进给量，可用刀具或工件每转或每行程的位移量来表述和度量。

（3）背吃刀量 a_p

背吃刀量一般指工件已加工表面和待加工表面间的垂直距离。背吃刀量的单位为 mm。

2. 切削用量的选择原则

选择切削用量的原则是在保证加工质量、降低加工成本和提高生产率的前提下，使背吃刀量、进给量和切削速度的乘积最大，这时加工的切削工时最少。切削用量可以参照表 9-2 进行选择。

表 9-2 切削用量的选择

加工性质	加工目的	选择步骤	选 择 原 则	选 择 原 因
粗加工	尽快地去除工件的加工余量	选择背吃刀量	在保证机床动力和工艺系统刚度的前提下，尽可能选择较大的背吃刀量	背吃刀量对刀具使用寿命的影响最小，同时，选择较大的背吃刀量也可以提高加工效率
		选择进给量	在保证工艺装配和技术条件允许的前提下，选择较大的进给量	进给量对刀具使用寿命的影响比背吃刀量要大，但比切削速度对刀具使用寿命的影响要小
		选择切削速度	根据刀具寿命选择合适的切削速度	切削速度对刀具使用寿命的影响最大，切削速度越快，刀具越容易磨损
精加工	保证工件最终的尺寸精度和表面质量	选择背吃刀量	根据工件的尺寸精度选择合适的背吃刀量，通常背吃刀量0.5~1mm	背吃刀量对尺寸精度的影响较大，背吃刀量大，尺寸精度难以保证；反之，尺寸精度容易保证
		选择进给量	根据工件的表面粗糙度要求选择合适的进给量	进给量大小直接影响工件的表面粗糙度通常，进给量越小，表面粗糙度值越小，得到的表面越光洁
		选择切削速度	根据刀具寿命选择合适的切削速度	切削速度对刀具使用寿命的影响最大，切削速度越快，刀具越容易磨损

9.2 车床的工艺装备

工艺装备是产品制造工艺过程中所用的各种工具总称，包括夹具、刀具、量具、检具、辅具、钳工工具和工位器具等。

9.2.1 车床夹具

车床夹具分为通用夹具和专用夹具两类。车床的通用夹具一般作为车床附件供应，且已经规格化。常见的车床夹具见表 9-3。

表 9-3 常见车床夹具

夹 具		车床夹具图示	特点及其应用	装夹方法示例
卡盘	三爪自定心卡盘	正卡爪 / 反卡爪	 能自动定心，装夹工件一般不需要找正，使用方便，但夹紧力较小三爪自定心卡盘常用的规格有φ160mm、φ200mm、φ250mm 等	

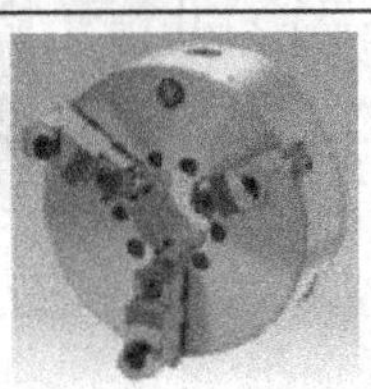

夹 具		车床夹具图示	特点及其应用	装夹方法示例
四爪单动卡盘			4个卡爪单独沿径向移动,装夹工件时,需通过调节各卡爪的位置对工件的位置进行找正四爪单动卡盘常用的规格有 $\phi250mm$、$\phi315mm$、$\phi400mm$、$\phi500mm$、$\phi630mm$ 等	
顶尖	前顶尖	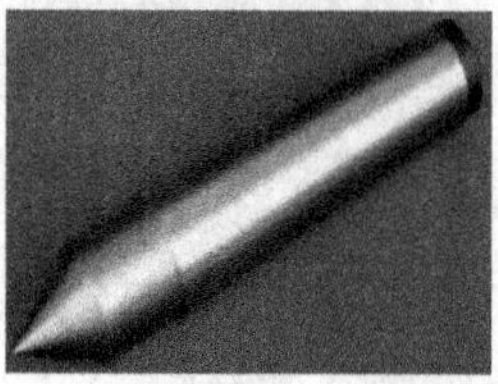	顶尖的作用是定中心、支撑工件与承受切削时的切削力	
	后顶尖 固定顶尖	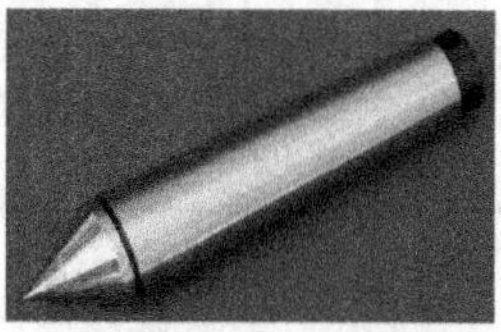	后顶尖是插入尾座套筒锥孔中的顶尖 固定顶尖定心好,刚度高,切削时不易产生振动,但与工件中心孔有相对运动,容易发热和磨损	
	回转顶尖		回转顶尖可克服发热和磨损的缺点,但定心精度稍差,刚度也稍低	
中心架			在车削刚度较低的细长轴,或不能穿过车床主轴孔的粗长工件,以及孔与外圆同轴度要求较高的较长工件时,往往采用中心架来增强刚度、保证同轴度	
跟刀架	两爪跟刀架		使用时,一般固定在车床床鞍上,车削时跟随在车刀后面移动,承受作用在工件上的切削力 跟刀架多用于无台阶的细长光轴加工 在车削细长轴时宜选用三爪跟刀架	
	三爪跟刀架			

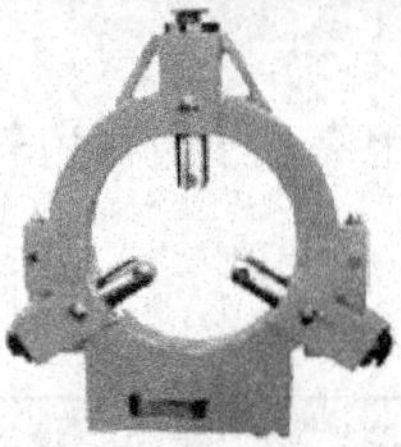

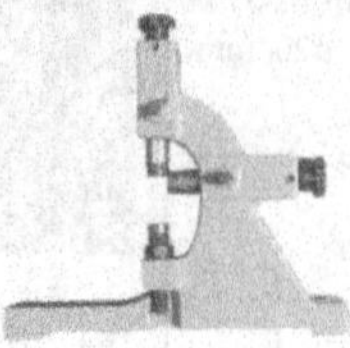

9.2.2 车刀和刀具材料

1. 车刀

车削时，须根据不同的车削要求选用不同种类的车刀。焊接式车刀是车床中常用的车刀，硬质合金不重磨车刀也逐渐广泛使用，见表 9-4。

2. 刀具材料

刀具一般由切削部分和刀体组成，切削部分和刀体可以采用同一种材料制成一体，也可以采用不同材料分别制造，然后用焊接或机械夹持的方法将两者连接成一体。

表 9-4 车刀的种类及应用

车刀种类	焊接式车刀	硬质合金不重磨车刀	应 用	车 削 实 例
90°车刀（偏刀）	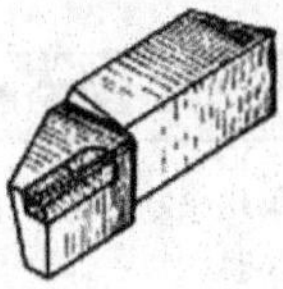		车削工件的外圆、台阶和端面	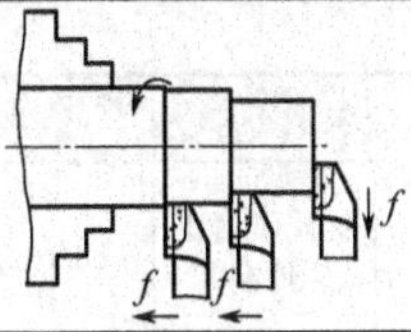
75°车刀	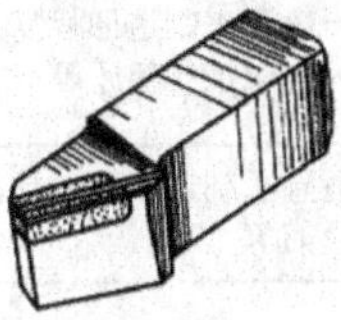		车削工件的外圆和端面	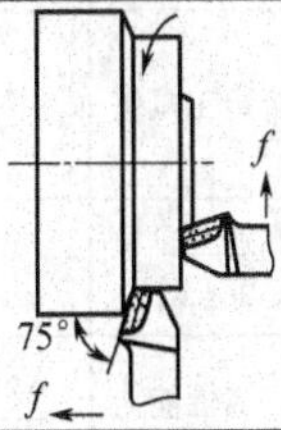
45°车刀（弯头车刀）			车削工件的外圆、端面或进行 45°倒角	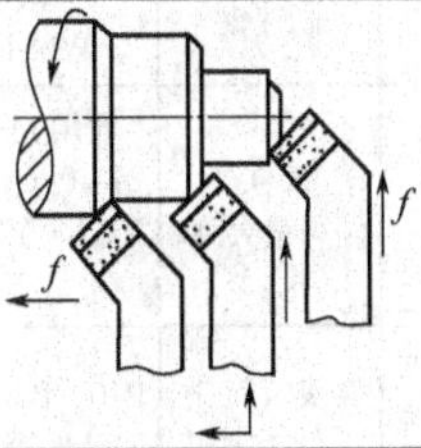
切断刀	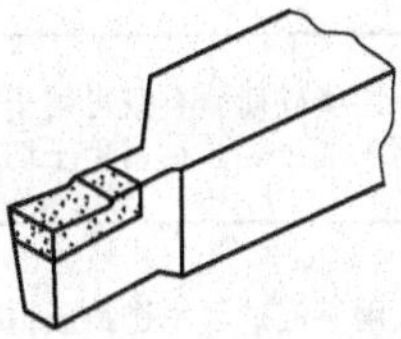		切断或在工件上车槽	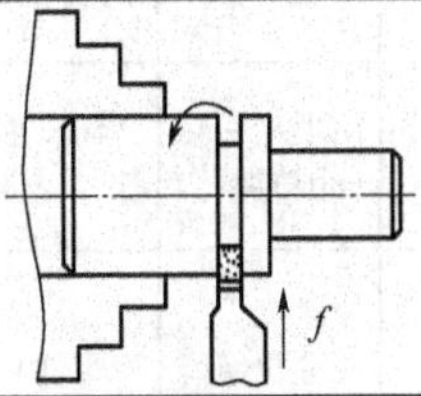
内孔车刀		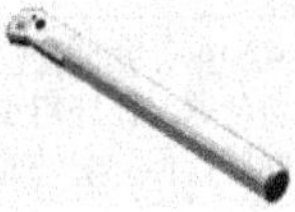	车削工件的内孔	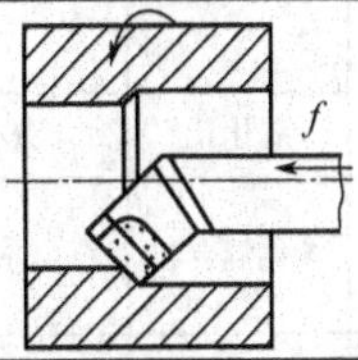
圆头车刀	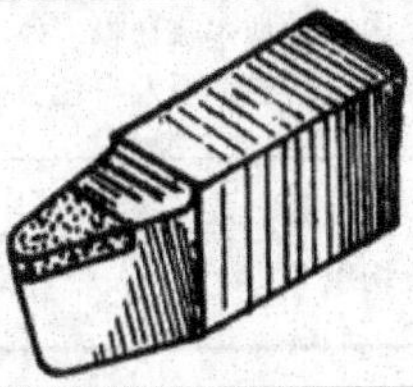	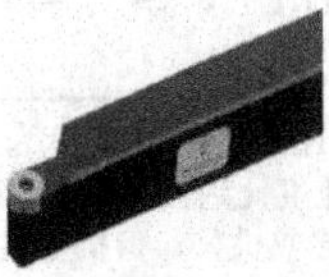	车削工件的圆弧面或成形曲面	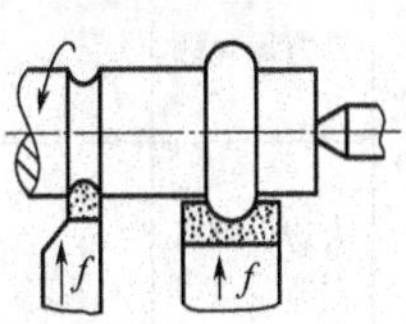

续表

车刀种类	焊接式车刀	硬质合金不重磨车刀	应　用	车　削　实　例
螺纹车刀			车削螺纹	

　　刀具切削部分在切削过程中承受很大的切削力和冲击力，并且在很高的温度下进行工作，经受连续而强烈的摩擦。因此，刀具切削部分的材料必须具备高的硬度、良好的耐磨性、足够的强度和韧性、高的热硬性、良好的工艺性。常用刀具材料的性能和应用场合见表 9-5。

表 9-5　常用刀具材料的性能和应用场合

类型		典型牌号	硬度及性能特点		主要应用场合
工具钢	优质碳素工具钢	T8A、T10A、T12A	硬度为 60～64HRC，磨利性好，热硬性差，在 200℃以下切削，切削速度为 8～10m/min		一般用来制造切削速度低、尺寸较小的手动工具
	合金工具钢	9SiCr、CrWMn	硬度为 60～64HRC，热硬性温度为 300～350℃，切削速度比碳素工具钢高 10%～20%		一般用来制造形状复杂的低速刀具，如铰刀、丝锥和板牙等
	高速工具钢（高速钢）	W6Mo5Cr4V2、W18Cr4V	硬度为 63～66HRC，其热硬性温度达 550～600℃，切削速度约为 30m/min		适宜于制造成形刀具、切削刀具、钻头和拉刀等
	高性能高速钢	W6Mo5Cr4V2Co8、W2Mo9Cr4VCo8、W6Mo5Cr4V2Al	硬度 66HRC 以上，在 630～650℃时仍可保持的硬度		高硬度钢、不锈钢、钛合金、高温合金等难切削材料
硬质合金	K 类（钨钴类）	K10、K20、K30、K40（YG8、YG6、YG3、YG8C、YG6X、YG3X）	其抗弯强度、冲击韧性较高	常温硬度为 89～93HRA，热硬性温度高达 900～1000℃，切削速度比通用高速钢高 4～7 倍，耐磨性好，但韧性差，抗弯强度低	主要用来加工脆性材料，如铸铁、青铜等
	P 类（钨钴钛类）	P10、P20、P30（YT5、YT14、YT15、YT30）	其硬度高，耐热性好，但冲击韧度低		主要用来加工韧性材料，如碳钢等
	M 类（钨钛钽钴类）	M10、M20（YW1、YW2）	有较高的硬度、抗弯强度和冲击韧度		这类硬质合金既可用于加工铸铁，也可用于加工钢。通常用于切削难加工材料
陶瓷	氧化铝	P1（AM）	硬度为 91.5～93HRA，热硬性温度高达 1000～1200℃，切削速度比通用高速钢高 8～12 倍，耐磨性好，但导热性差，韧性差，抗弯强度低		用于高速、小进给量精车，半精车铸铁和调质钢
	氧化铝	M16（T8）	硬度为 92.5～93HRA，热硬性温度高达 1000～1100℃，切削速度比通用高速钢高 6～10 倍，耐磨性好，但导热性差，韧性差，抗弯强度低		用于粗、精加工冷硬铸铁、淬硬合金钢
	碳化混合物	M5（T1）			
超硬材料	立方氮化硼		硬度为 8000～10000HV，热硬性温度高达 1400～1500℃，耐磨性、导热性好，抗弯强度低		用于精加工调质钢、淬硬钢、高速钢、高强度耐热钢以及有色金属
	人造金钢石		硬度为 9000HV，热硬性温度为 700～800℃，切削速度比通用高速钢高约 25 倍，耐磨性、导热性好，但抗弯强度低		用于有色金属的高精度、低表面粗糙度值切削

3. 刀具的选用

刀具的选用是金属切削加工工艺中的重要内容之一，不仅影响工件的加工效率，而且还会直接影响工件的加工质量。在选用刀具时应考虑以下方面：

① 根据工件材料的切削性能选用刀具。如工件材料为高强度钢、钛合金、不锈钢，建议选择耐磨性较好的可转位硬质合金刀具。

② 根据工件的加工阶段选用刀具。即粗加工阶段以去除余量为主，应选用刚性较好、精度较低的刀具；半精加工、精加工阶段以保证工件的加工精度和产品质量为主，应选用刀具寿命高、精度较高的刀具。

③ 根据工件加工区域的结构特点选择刀具切削部分结构。如切削工件上的槽时，应根据槽的形状结构和尺寸等参数选择合适的刀具进行加工。

9.3 车削工艺

下面以车削图 9-7 所示齿轮轴为例，介绍车削轴类工件的基本工艺方法。

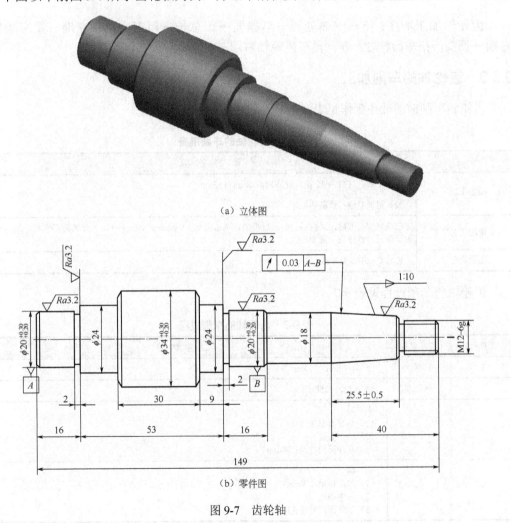

（a）立体图

（b）零件图

图 9-7 齿轮轴

9.3.1　分析图样

图 9-7 所示减速器的齿轮轴是典型的轴类工件，由外圆、端面、台阶、倒角和中心孔等结构要素构成。车削轴类工件时，除了保证图样上标注的尺寸精度和表面粗糙度等要求外，一般还应达到一定和形状、方向、位置、跳动等几何公差要求。

图样分析如下：

① 齿轮轴的材料为 45 钢，毛坯材料应为热轧圆钢。

② 重要尺寸的表面粗糙度：左端面 $\phi 20\text{mm}^{+0.30}_{+0.20}$ 外圆和中间 $\phi 20^{+0.30}_{+0.20}\text{mm}$ 外圆的表面粗糙度值为 $Ra3.2\mu\text{m}$；两处 $\phi 24\text{mm}$ 外圆的左右端面的表面粗糙度值为 $Ra3.2\mu\text{m}$；锥度为 1:10 的外圆锥的表面粗糙度值也为 $Ra3.2\mu\text{m}$。

③ 基准为：左端 $\phi 20^{+0.30}_{+0.20}\text{mm}$ 外圆轴线 A 和中间 $\phi 20^{+0.30}_{+0.20}\text{mm}$ 外圆轴线 B 建立公共基准 $A—B$。

④ 圆锥表面对公共基准的斜向圆跳动公差为 0.03mm。

9.3.2　制定加工工艺

齿轮轴加工顺序：下料→热处理→车端面→车总长→粗车齿轮轴左端→粗车齿轮轴右端→调头，精车齿轮轴左端→精车齿轮轴右端。

9.3.3　齿轮轴的车削加工

齿轮轴车削前的准备工作见表 9-6。

表 9-6　齿轮轴的车削准备

步　骤	准　备　内　容
1. 准备毛坯	（1）下料：材料为 45 钢，规格为 $\phi 40\text{mm}\times 153\text{mm}$ （2）材料要进行预备热处理：调质
2. 选用工艺装备	三爪自定心卡盘，呆扳手，前、后顶尖，鸡心夹头，0.02mm/（0～1500）mm 的游标卡尺，25～50mm 的千分尺，百分表，磁力表座
3. 选用设备	选用 CA6140 型车床

齿轮轴的车削过程见表 9-7。

表 9-7　齿轮轴的车削过程

工序号	工序名称	工　序　内　容
1	锯	下料 $\phi 40\text{mm}\times 153\text{mm}$
2	热处理	调质 220～250HBW
3	车	夹右端 （1）车端面车平为止 （2）钻中心孔 （3）车外圆尺寸至 $\phi 36\text{mm}$
4	车	夹左端 （1）车总长至 149mm （2）钻中心孔 （3）车外圆尺寸至 $\phi 36\text{mm}$

工序号	工序名称	工 序 内 容
5	车	（1）一夹一顶（夹右端，左端顶顶尖） （2）车 $\phi 34_{+0.20}^{+0.30}$ mm 外圆，长度大于 69mm （3）车左端 24mm 至图样要求，锐边倒钝 （4）车 $\phi 20_{+0.20}^{+0.30}$ mm 外圆，长 16 mm （5）倒角 C1.3mm （6）车槽 $\phi 18$ mm、宽 2 mm 至图样要求 （7）倒角 2.2×30°，锐边倒钝，去毛刺
6	车	（1）调头，一夹一顶（左端夹 $\phi 34_{+0.20}^{+0.30}$ mm 处，右端顶顶尖） （2）车外圆至 $\phi 24$mm（保证 $34_{+0.20}^{+0.30}$ mm 外圆宽 30 mm） （3）车 $\phi 34_{+0.20}^{+0.30}$ mm 右端倒角 2.2×30° （4）车中部 $\phi 20_{+0.20}^{+0.30}$ mm 外圆（保证 $\phi 24$ mm 外圆宽 9 mm） （5）车外圆 $\phi 18$mm（保证中部 $\phi 20_{+0.20}^{+0.30}$ mm 外圆宽 16 mm） （6）右端螺纹外圆车至 $\phi 12$mm，宽 10 mm （7）车 1:10 圆锥，锥形部分长度为 25.5mm （8）车槽 $\phi 18$mm、宽 2 mm，2× $\phi 10$mm 至要求 （9）车中部 $\phi 20_{+0.20}^{+0.30}$ mm 外圆、圆锥、M12 螺纹右端共 3 处倒角 C1.3 mm （10）车外螺纹 M12—6g 至要求 （11）锐边倒角

第 10 章

钳 加 工

在机械产品的生产制造过程中，钳工是不可缺少的工种之一。其特点是以手工操作为主，灵活性强，主要担负着用机械加工方法不太适宜或不能解决的某些工作。钳工常见的基本操作有划线、锯削、錾削、锉削、钻孔、扩孔、锪孔、攻螺纹、套螺纹、刮削、研磨等多项工作。

在箱体加工中，箱体划线、箱盖透视窗螺纹孔、销连接孔、螺栓连接孔及孔口平台的加工等均由钳工来完成，如图 10-1 所示。

（a）箱体　　　　　　　　　　　　　　　　（b）箱盖

图 10-1　钳加工实例

10.1　划线

根据图样要求，利用划线工具，在毛坯或工件上划出加工界线或作为基准的点和线的操作称为划线，如图 10-2 所示。划线是零件加工的先行工序，在零件试制或单件、小批生产中起着十分重要的作用。

划线分平面划线和立体划线两种。只需要在工件的一个表面上划线后即能明确表示加工界线的，称为平面划线。要同时在工件上几个互成不同角度（通常是互相垂直）的表面上都划线才能明确表示加工界线的，称为立体划线。

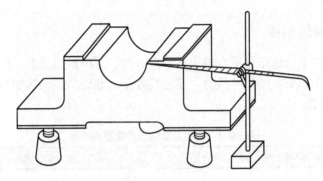

图 10-2　划线实例

10.1.1　常用划线工具

常用划线工具及其用途见表 10-1。

表 10-1　常用划线工具及其用途

名称	图　示	用　途
平板		划线的基准件，用于安放工件
工件支承工具		用于支承或夹持工件
其他工具		用于找正、量取尺寸、划圆或圆弧、划直线、冲眼等

10.1.2　划线基准的选择

　　划线时，在工件上所选定的用来确定其他点、线、面位置的基准，称为划线基准。

　　划线时为了减少不必要的尺寸换算，使划线方便、准确，必须从划线基准开始，其选择类型和方法见表 10-2。

表 10-2　划线基准的选择类型和方法

序号	基准选择类型	图 示 说 明
1	以两个互相垂直的平面（或直线）为基准	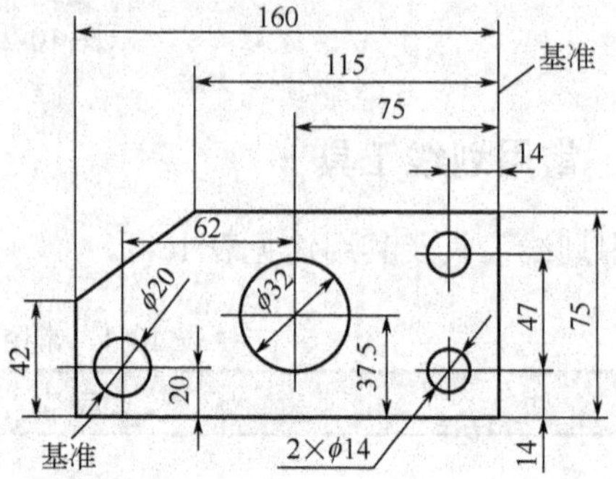
2	以两条互相垂直的中心线为基准	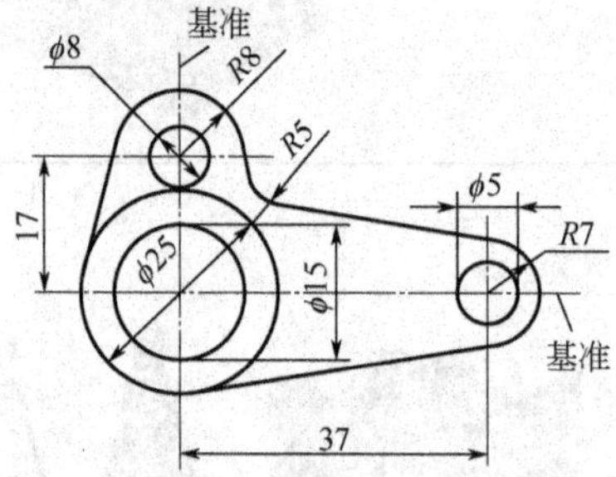
3	以一个平面和一条中心线为基准	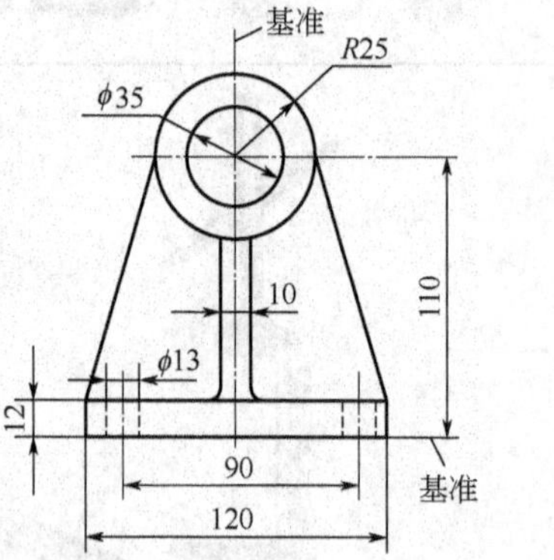

10.1.3　划线步骤及工艺

　　划线主要有分析图样、清理检查毛坯、涂色、安放工件、确定划线基准并找正、选用划线工具进行划线、检查等步骤。划线的操作步骤和要点见表 10-3。

表 10-3　划线的操作步骤和要点

序号	步骤和要点	图　示
1	用白粉笔在工件毛坯表面上涂色	
2	在平板上用 V 形架装置工件，用游标高度尺测出工件外圆最高点的尺寸数值 M	
3	把游标高度尺调至 $H=(M-D/2)$尺寸，划出圆钢的中心线	
4	调整游标高度尺，升高高度尺寸至高度 L_1：$L_1=H+12$	
5	将工件翻转 180°，再次将游标高度尺调到工件中心高度 H，用游标高度尺尺尖找正工件水平位置	
6	调整游标高度尺，升高高度尺寸至高度 L_1，第二次在工件上划高度为 L_1 的四周线条	
7	将工件转动 90°，用 90° 角尺找正工件已划出的中心线，并使之与平板垂直	

序号	步骤和要点	图 示
8	以下同3、4、5、6、7步，至此全部线条划线完成	
9	用钢直尺检查所划线条尺寸是否正确，精度是否合格	

10.2 孔加工

在机械产品生产制造过程中，孔加工是钳工重要的操作之一。孔加工按操作方法、精度要求通常分为钻孔、扩孔、锪孔和铰孔。

10.2.1 钻床

钻孔是最常用的钻孔设备，常用的钻床如图10-3所示，其主要参数及应用见表10-4。

（a）台式钻床　　　　　　　　（b）立式钻床　　　　　　　　（c）摇臂钻床

图10-3　钻床结构

表10-4　常用钻床的主要参数及应用

名 称 型 号	主 要 参 数	特点及应用
Z512B 型台式钻床	最大钻孔直径 12.7mm 主轴端至工作台最大距离 326mm 主轴端至底座最大距离 556mm 主轴锥度 B16 主轴转速范围 480～4100r/min（5 级）	结构简单，操作方便，使用范围小，只能安装直径小于 13mm 的直柄钻头
Z525B 型立式钻床	最大钻孔直径 25mm 主轴端至工作台最大距离 415mm 主轴端至底座最大距离 965mm 主轴锥度莫氏 No.3 主轴转速范围 85～1500r/min（6 级） 主轴进给量范围 0.04～3.20mm/r（4 级）	结构较复杂，精度高，有自动进给机构，使用范围大，可以安装较大直径的钻头，适用于小批量、单件的中型工件孔的加工
Z3050×16 型摇臂钻床	最大钻孔直径 50mm 主轴端至工作台最大距离 1600mm 主轴端至底座最大距离 1220mm 主轴锥度莫氏 No.5 主轴转速范围 25～2000r/min（16 级） 主轴进给量范围 0.04～3.20mm/r（16 级）	主轴可沿摇臂导轨滑移，摇臂可绕立柱旋转并上下移动，可将钻头移至钻削位置而不必移动工件，适用于加工大型工件和多孔工件

10.2.2 钻孔

用麻花钻（钻头）在实体材料上加工出孔的方法称为钻孔。钻孔的精度较低，一般加工后的尺寸精度为 IT10～IT11 级，表面粗糙度值一般为 Ra12.5～50μm，常用于钻削要求不高的孔或螺纹孔的底孔。

1. 麻花钻

麻花钻是孔加工的主要刀具，一般用高速工具钢制成。它分直柄和锥柄两种，一般直径小于 13mm 的钻头做成直柄，大于 13mm 的钻头做成莫氏锥柄（根据直径大小分为 1#～6#）。麻花钻的结构如图 10-4 所示。

(a) 直柄麻花钻 　　　　　　　　　　　　　　　　(b) 锥柄麻花钻

图 10-4　麻花钻的结构

2. 钻孔方法

常用的钻孔方法见表 10-5。

表 10-5　常用的钻孔方法

加工方法	图　示	特点及应用
划线钻孔法	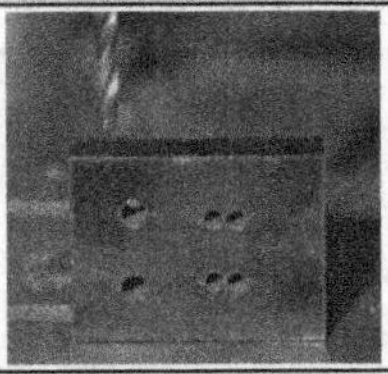	步骤：按图样划线→工件装夹→找正→钻孔 此法对操作工人的技术水平要求较高，生产效率低，适用于产品试制或单件、小批量生产
配钻法	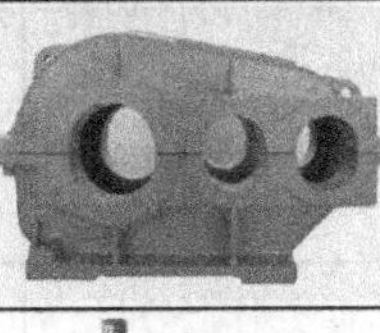	以已加工好的零件为基准件，配钻另一相连接零件 此法适用于产品试制或单件、小批量生产以及装配修理时
钻模钻孔法		对操作工人的技术水平要求不高，孔系的位置精度取决于钻模的精度，生产效率高。常用的钻模有固定式、回转式、移动式、盖板式和翻转式 5 种 此法适用于产品批量生产

10.2.3 扩孔

用扩孔刀具对工件上原有的孔进行扩大加工的方法称为扩孔。当孔径较大时，为了防止钻孔产生过多的热量造成工件变形或切削力过大，或更好地控制孔径尺寸，往往先钻出比图样要求小的孔，然后再把孔径扩大至要求。扩孔精度可达 IT9～IT10 级，表面粗糙度值可达 Ra3.2～12.5μm。标准扩孔钻如图 10-5 所示，扩孔钻一般有 3～4 个主切削刃，无横刃，加工时导向效果好，背吃刀量小，轴向抗力小，切削条件优于钻孔。

用扩孔钻扩孔时，底孔直径约为要求直径的 0.9 倍，切削速度要比钻孔小一倍，进给可采用机动进给。当采用手动进给时，进给量要均匀一致。在实际生产中，也常用麻花钻扩孔，一般用麻花钻扩孔时，底孔直径为要求直径的 0.5～0.7 倍。

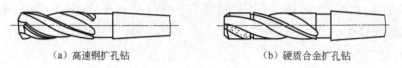

（a）高速钢扩孔钻　　　　　　　　　　（b）硬质合金扩孔钻

图 10-5　标准扩孔钻

10.2.4　锪孔

用锪钻在孔口表面锪出一定形状的加工方法称为锪钻。锪钻时使用的刀具称为锪钻，一般用高速钢制造。锪钻按孔口的形状一般分为锥形锪钻、圆柱形锪钻和端面锪钻，可分别锪制锥形沉孔、圆柱形沉孔和孔口端面等。锪钻的类型及用途见表 10-6。

10.2.5　铰孔

用铰刀从工件孔壁上切除微量金属层，以获得较高的尺寸精度和较小的表面粗糙度值，这种对孔精加工的方法称为铰孔，铰刀是精度较高的多刃刀具，具有切削余量小、导向性好、加工精度高等特点。其加工零件的尺寸精度可达 IT9～IT10 级，表面粗糙度值可达 $Ra0.8～3.2\mu m$。

表 10-6　锪钻的类型及用途

孔口形状	锪钻类型	特点及用途	锪孔要求
锥形沉孔	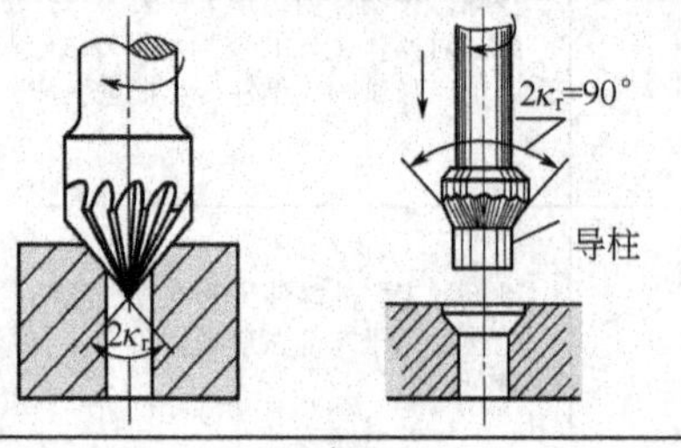 $2\kappa_r=90°$　导柱　$2\kappa_r$	顶角（锥角）$2\kappa_r$ 按工件要求不同，分为 60°、75°、90°、120° 四种，最常用的是 90°。主要用来锪削锥形沉孔	锪制时锪钻锥角应与零件图样锥角一致，且保证孔口与孔中心线的垂直，适用于埋头螺钉连接
圆柱形沉孔	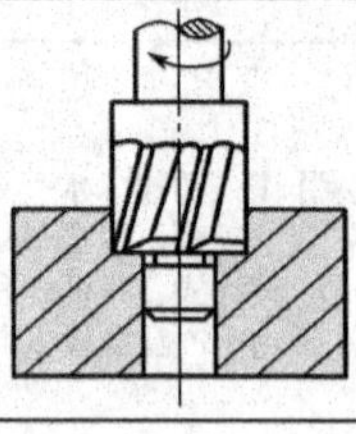	前端带有导柱，与预制孔成间隙配合，使锪孔时具有良好的定心和导向作用，用于锪削圆柱形平底沉孔	用麻花钻改制的平底锪钻锪孔时，必须先用普通麻花钻扩出一个阶台孔作导向，然后再用平底锪钻锪至要求深度，即按照"一钻、二扩、三锪"的顺序进行
孔口端面	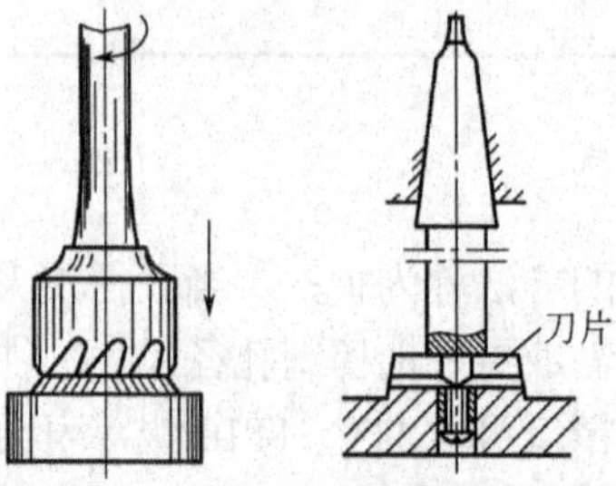 刀片	主要用于锪削孔口端面及锪平凸台平面	将孔口端面锪平，并与孔中心线垂直，能使连接螺栓（或螺母）的端面与连接件保持良好接触，使连接可靠

1. 铰刀

常用的铰刀有手用整体圆柱铰刀、机用整体圆柱铰刀、手用可调节铰刀、手用螺旋槽铰刀、锥铰刀等，铰刀的类型、特点及应用见表10-7。

表10-7 铰刀的类型、特点及应用

铰刀类型	图 示	特点及应用
手用整体圆柱铰刀		手用整体圆柱铰刀的切削部分较长，刀齿做成不均匀分布形式，铰孔时定心好，轴向力小，具有操作方便等特点，应用较为广泛
机用整体圆柱铰刀		机用铰刀的切削锥角较大，校准部分较短，刀齿做成均匀分布形式
手用可调节铰刀		调节两端螺母可使刀条沿刀体中的斜槽作轴向移动，以改变铰刀的直径。它适用于修配、单件生产以及尺寸特殊（非标）情况下铰削通孔
手用螺旋槽铰刀		手用螺旋槽铰刀的切削刃沿螺旋线分布，铰孔时切削平稳，铰出的孔壁光滑。铰刀的螺旋槽方向一般是左旋，以避免铰削时因铰刀顺时针转动而产生自动旋进现象，同时还能使铰下的切屑容易被推出孔外。常用于铰削带有键槽的孔，可防止铰孔时键槽勾住刀刃
锥铰刀		用以铰削圆锥孔。按锥度比分为1:10锥铰刀、1:30锥铰刀、1:50锥铰刀和莫氏锥铰刀。由于锥铰刀的刀刃全部参加切削，其负荷较重，铰削费力，所以对于锥度比较大的铰刀分为多支一套，其中粗铰刀的刀刃上开有螺旋形分布的分屑槽，以减轻铰削负荷

2. 铰削余量

铰削余量太大会使切削刃负荷增大，变形增大，被加工表面呈撕裂状态，同时加剧铰刀磨损；余量太小，上道工序所留下的切削刀痕不能全部去除，达不到铰孔精度要求。因此，余量的选择直接影响铰削精度和表面粗糙度。铰削余量的选择见表10-8。

表10-8 铰削余量的选择

铰孔直径（mm）	<5	5~20	21~32	33~50
铰削余量（mm）	0.1~0.2	0.2~0.3	0.3	0.5

3. 铰孔时的冷却与润滑

因铰孔时，铰刀与孔壁摩擦较严重，所以必须选用适当的切削液，以减少摩擦和散热；同时将切屑及时冲掉，提高铰孔质量。切削液的选用见表10-9。

表10-9 切削液的选用

工件材料	切削液选择类型
钢	（1）10%~20%乳化液 （2）铰孔质量要求较高时，用30%菜油加70%肥皂水 （3）铰孔质量要求更高时，用菜油、柴油、猪油
铸铁	（1）不用 （2）煤油（会引起孔径缩小，最大收缩量为0.02~0.04mm） （3）低浓度乳化液
铝	煤油
铜	乳化液

4. 铰孔方法

在单级齿轮减速器的箱体和箱盖上有两个用于装配时定位的销孔，其铰孔方法见表 10-10。

表 10-10　铰孔方法

铰孔类型	图示及说明	加工工艺
圆柱销孔		（1）按图样要求在箱盖上划线 （2）上、下箱体找正后用螺栓固定 （3）钻、扩底孔，确保留有足够的铰削余量 （4）根据加工精度要求选择合适的铰刀和切削液，并进行铰孔
圆锥销孔	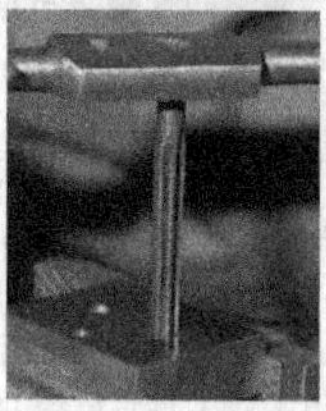	（1）按图样要求划线 （2）根据锥销小端直径选取钻头，并钻、扩底孔 （3）用手用铰刀进行铰孔，并控制铰孔深度，一般使锥销能自由进入其长度的 80% 为宜 （4）铰孔时不允许反转，以防止铰刀卡住而损坏铰刀或拉伤孔壁

10.3　螺纹加工

螺纹连接是机械设备中最常见的一种可拆卸的固定连接方式，它具有结构简单、连接可靠、装拆方便等优点。对于一般精度的小直径内、外螺纹，通常由钳工来加工。

10.3.1　攻螺纹

用丝锥在孔中加工出内螺纹的方法称为攻螺纹。

1. 攻螺纹工具

（1）丝锥

丝锥分为手用丝锥和机用丝锥两类。手用丝锥常用合金工具钢 9SiCr 制造，机用丝锥常用高速钢 W18Cr4V 制造。常用丝锥的结构、特点及应用见表 10-11。

表 10-11　常用丝锥的结构、特点及应用

丝锥类型		图　示	特点及应用
普通丝锥	手用	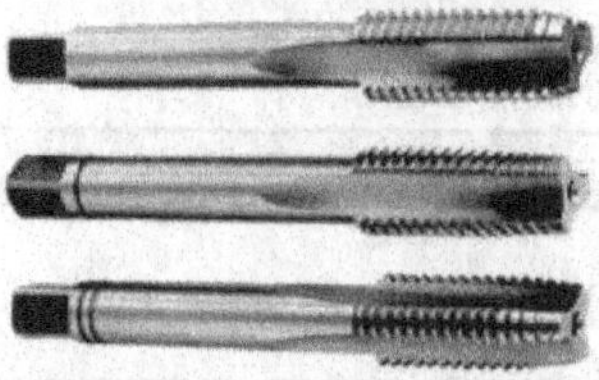	为了减小切削力和延长丝锥寿命，一般将整个切削工作量分配给几支丝锥来承担，头攻切削部分最长，二攻和末攻切削部分依次缩短。使用时必须按头攻、二攻、末攻顺序时行。通常 M6～M24 丝锥每组有两支；M6 以下及 M24 以上的丝锥每组有三支；细牙丝锥为两支一组。其特点是操作方便，不受条件限制
	机用		机用丝锥一般为单支，其切削部分较短，夹持部分与工作部分的同轴度较好。多用于小直径和细牙丝锥。螺旋丝锥和特点是便于排屑

续表

丝锥类型	图　示	特点及应用
管螺纹丝锥		用于管螺纹加工
锥管螺纹丝锥		主要用于有密封要求的锥管螺纹加工

（2）铰杠

铰杠是手工攻螺纹时用来夹持丝锥的工具。常用铰杠分普通铰杠和丁字铰杠两种，其结构如图 10-6 所示。普通铰杠的规格用其长度表示，其适用范围见表 10-12。

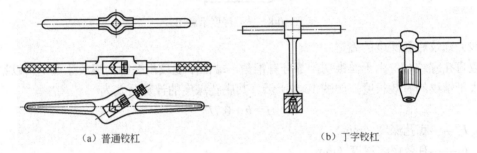

（a）普通铰杠　　　　　　　　　　　　　（b）丁字铰杠

图 10-6　铰杠

表 10-12　普通铰杠的规格及适用范围

铰杠规格（mm）	150	220	280	380	480
夹持丝锥范围	M5～M8	M8～M12	M12～M14	M14～M16	M16～M22

2. 底孔直径与孔深的确定

（1）攻螺纹前底孔直径的确定

攻螺纹时，丝锥对金属层有较强的挤压作用，使攻出的螺纹的小径小于底孔直径，因此攻螺纹之前的底孔直径应稍大于螺纹小径，如图 10-7 所示。

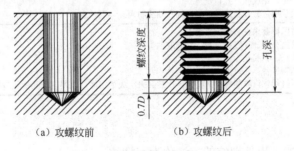

（a）攻螺纹前　　　　　　　（b）攻螺纹后

图 10-7　攻螺纹前底孔直径的确定

对于钢件或塑性较大材料，底孔直径的计算公式为

$$D_{孔}=D-P$$

式中，$D_{孔}$——攻螺纹前底孔直径（mm）;

D——螺纹公称直径（mm）;

P——螺距（mm）。

对于铸铁或塑性较小材料，底孔直径的计算公式为:

$$D_{孔}=D-(1.05\sim1.1)P$$

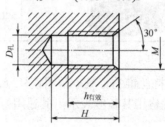

图 10-8　钻孔深度示意图

（2）螺纹底孔深度的确定

攻盲孔螺纹时，由于丝锥切削部分有锥角，端部不能攻出完整的螺纹牙型，所以钻孔深度要大于螺纹的有效长度，如图 10-8 所示。其底孔深度的计算公式为

$$H=h+0.7D$$

式中，H——底孔深度（mm）;

h——有效螺纹深度（mm）;

D——螺纹公称直径（mm）。

单级齿轮减速器的箱体油窗安装螺纹孔的规格为 M3，螺纹深度 $h=5$mm，因此其底孔深度为

$$H=h+0.7D=5+0.7\times3=7.1\text{mm}$$

3. 攻螺纹方法与工艺

常用的攻螺纹方法有手攻螺纹和机攻螺纹两种，其加工方法及工艺见表 10-13。

表 10-13　攻螺纹方法及工艺

攻螺纹方法	加工工艺
手攻螺纹	（1）按图样要求在零件上划线 （2）根据公式计算底孔直径，并选取钻头规格 （3）找正，钻底孔，孔口倒角 （4）用手用丝锥攻制螺纹，保证螺孔轴线与螺孔端面垂直
机攻螺纹	（1）按图样要求在零件上划线 （2）根据公式计算底孔直径，并选取钻头规格 （3）找正，钻底孔 （4）锪制平台，孔口倒角 （5）用机用丝锥攻制螺纹（要求一次装夹来完成本工序，以保证螺孔轴线与螺孔端面垂直）

10.3.2　套螺纹

用板牙在圆杆上加工出外螺纹的方法称为套螺纹。

1. 套螺纹工具

套螺纹用的工具包括板牙和板牙架，其结构如图 10-9 所示。板牙用合金工具钢或高速钢

制成，在板牙两端面处有带锥角的切削部分，中间一段为具有完整牙型的校准部分，因此正、反均可使用。另外在板牙圆周上开一个 V 形槽，其作用是当板牙磨损，螺纹直径变大后，可沿该 V 形槽磨开，借助板牙架上的两调整螺钉进行螺纹直径的微量调节，以延长板牙的使用寿命。

图 10-9　套螺纹工具

2. 螺杆直径的确定

套螺纹时，由于板牙牙齿对材料不但有切削作用，还有挤压作用，其牙顶将被挤高，所以圆杆直径应小于螺纹公称尺寸。套螺纹前圆杆直径一般可按下列经验公式来确定

$$D_{杆}=D-0.13P$$

式中，$D_{杆}$——套螺纹前圆杆直径（mm）；

D——螺纹公称直径（mm）；

P——螺距（mm）。

3. 套螺纹的方法及工艺

如图 10-10 所示，套螺纹前应将圆杆顶端倒角 15°～20°，以便板牙容易切入，圆锥的最小直径应稍小于螺纹小径。开始套螺纹时要尽量使板牙端面与圆杆垂直，并适当施加向下的压力，同时按顺时针方向扳动板牙架。当切入 1～2 牙后再次校验垂直度，然后不再施加向下的压力，两手用力均匀转动板牙架即可。在套螺纹过程中，要经常反转 1/4 圈，使切屑断碎，及时排屑，并加注适当冷却液。

图 10-10　套螺纹方法

10.4　平面与曲面加工

钳工以手工操作为主，即使在当今现代化生产条件下仍有许多零件部位由钳工加工来完成，其加工方法按照加工面的精度可分为如图 10-11 所示几种。

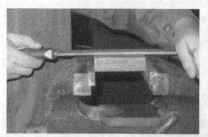

图 10-11　钳工平面与曲面加工方法

10.4.1　锯削与錾削

1. 锯削

用手锯对材料或工件进行切断或切槽的加工方法称为锯削。锯削是一种粗加工形式，平面度一般或控制在 0.5mm 之内。它具有操作方便、简单、灵活的特点，应用较广。

（1）锯削刀具——锯条

锯条起切削作用，锯条的规格以两端安装孔的中心距和齿距来表示，常用的锯条长度为 300mm，锯齿分粗、中、细三种，选用时应根据工件的材料和结构来确定。通常粗齿锯条适用于锯削软材料或切面较大的工件；锯削硬材料或切面较小的工件应该用细齿锯条；锯削管子和薄板时，必须用细齿锯条。

（2）锯削工艺

如图 10-12 所示，锯削时锯条的安装应正确（锯齿朝前），松紧要适当；起锯时角度要小，一般不大于 15°，以免锯齿卡住或崩裂。其起锯方法分远起锯和近起锯两种，一般情况下采用远起锯较好。

（a）远起锯　　　　　　　　　　　　　（b）近起锯

图 10-12　起锯方法

2. 錾削

用锤子击打錾子对金属工件进行切削加工的方法称为錾削。錾削是一种粗加工，其平面度可控制在 0.5mm 之内。目前錾削工件主要用于不便于机械加工的场合，如清除毛坯上的毛刺及多余金属、分割薄板材料、錾削沟槽和油槽等。通过錾削工作的锻炼，可以提高锤击的准确性，为装拆机械设备打下扎实的基础。

钳工常用的錾子有扁錾、狭錾和油槽錾，其应用见表 10-14。

表 10-14　錾子的种类及应用

錾子类型	图　　示	应 用 实 例
扁錾		切削部分扁平，刃口略带弧形，主要用来錾削毛刺、平面和分割板材 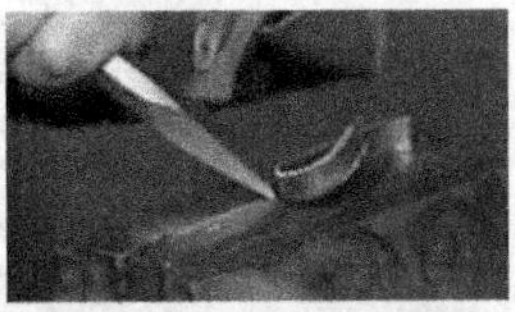
狭錾	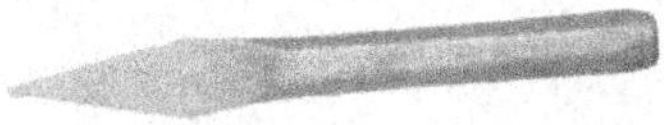	切削刃两侧面略带倒角，以防錾削沟槽时錾子被挤住，主要用于錾削沟槽和分割曲线形板材 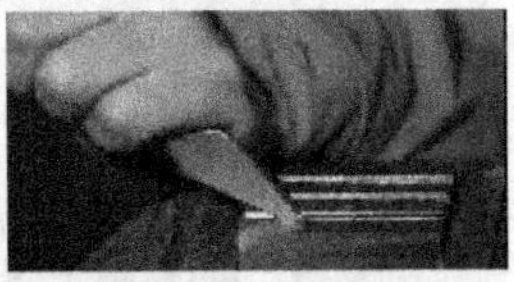
油槽錾	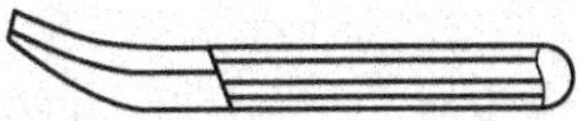	切削刃较短，并呈圆弧形，与油槽截面一致。切削部分制成弯曲状，以便于在曲面上錾削油槽 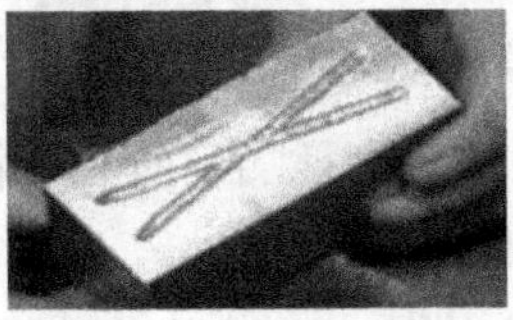

10.4.2　锉削

用锉刀对工件表面进行切削加工，使工件达到所要求的尺寸、形状和表面粗糙度的操作方法称为锉削。锉削一般是在錾、锯之后对工件进行的精度较高的加工，其精度可达 0.01mm，表面粗糙度值可达 Ra0.8μm。锉削的应用范围较广，可以去除工件上的行刺，锉削工件的内外表面、各种沟槽和形状复杂的表面，还可以配键、制作样板以及对零件的局部进行修整等。

1. 锉削工具——锉刀

（1）锉刀的结构

锉刀是锉削的主要工具，其结构如图 10-13 所示。

图 10-13　锉刀结构

（2）锉刀的分类

锉刀的种类很多，按用途不同，锉刀可分为普通锉、整形锉和异形锉三类，其特点及应用见表 10-15。

表 10-15 锉刀分类、特点及应用

锉刀类型	图　示	特点及应用
普通锉		该类锉刀按其断面形状分为平锉、方锉、三角锉、半圆锉和圆锉 5 种，其中圆锉以横截面直径、方锉以边长为尺寸规格，其他以锉身长度表示；粗细规格分为 1#～5#。选用时应根据工件的表面形状、尺寸精度、材料性质、加工余量以及表面粗糙度要求来确定
整形锉		它由多支不同断面形状的锉刀组成，常用的有 5、8、10 支为一组。按断面形状可分为平锉、方锉、三角锉、圆锉、半圆锉、菱形锉、刀口锉、椭圆锉、单边三角锉等。主要用于修整工件上的细小部分
异形锉		其锉身形状各异，主要用来锉削工件上的特殊表面

2. 锉削方法及工艺

锉削时应根据被加工面的形状和要求制定锉削方法及工艺。其基本形体的锉削方法及工艺见表 10-16。

表 10-16 基本形体的锉削方法及工艺

锉削方法		图　示	特点及应用
平面锉削	顺向锉		顺向锉是最普通的锉削方法。锉刀运动方向与工件夹持方向始终一致，这种方法可得到正直的锉痕，比较整齐美观，适用于面积不大的平面和最后锉光
	交叉锉		锉刀与工件夹持方向约呈 35°，且锉痕交叉。交叉锉时锉刀与工件的接触面积增大，锉刀容易掌握平稳，一般用于粗锉

续表

锉削方法		图　　示	特点及应用
平面锉削	推锉	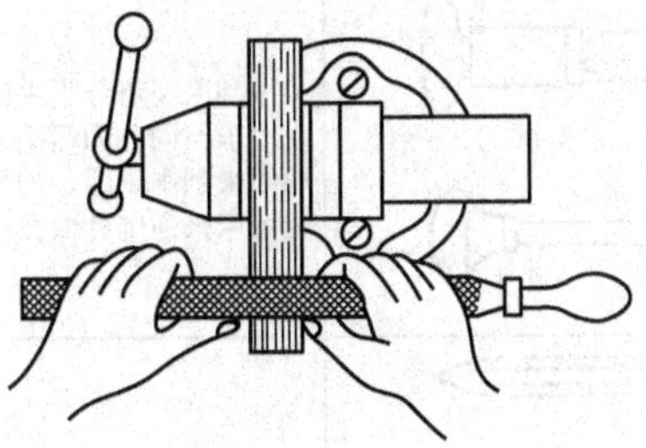	推锉一般用来锉削狭长平面，或采用顺向锉法锉刀受阻时使用。推锉不能充分发挥手臂的力量，故锉削效率低，只适用于加工余量较小和修整尺寸
曲面锉削	锉削外圆弧面	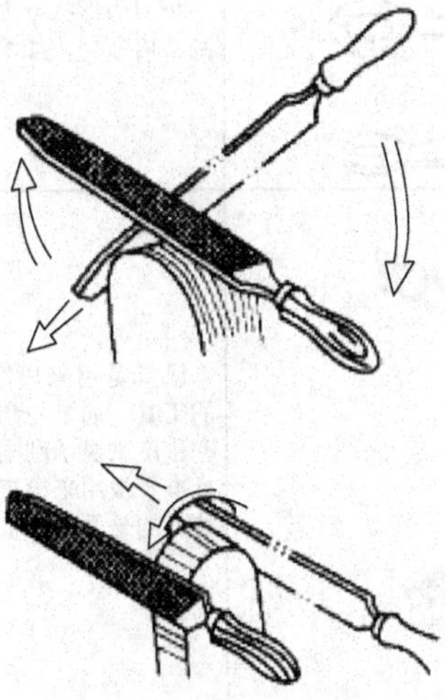	常见的外圆弧面锉削方法有横向锉法和顺圆弧锉法。锉削时要同时进行两种运动，即横向锉法是锉刀的前进和转动，顺圆弧锉法是锉刀的前进和上下摆动。横向锉法切削效率高，适于粗加工；顺圆弧锉法锉出的圆弧面不会出现棱角，一般用于圆弧面的精加工阶段
	锉削圆球面		锉削圆球时要同时完成三种运动，即锉刀的前进、锉刀的转动和摆动

10.4.3　刮削

用刮刀在已加工过的工件表面上刮去一层微薄金属的操作方法称为刮削。刮削加工后的工件表面，由于多次反复地受到刮刀的推挤和压光作用，使工件表面组织变得比原来紧密，并能获得很高的尺寸精度、形状精度、接触精度和很小的表面粗糙度值，可使运动部件的接触面改善存油条件，以减小摩擦，如机床导轨面、轴瓦等。它是一种古老的精加工方法，是当前机器不能代替的一项操作，其劳动强度大，生产效率低。但是，由于它所用的工具简单，且不受工件形状和位置以及设备条件的限制，同时，它还具有切削量小、切削力小、产生热量小、装夹变形小等特点，所以在机械制造以及工具、量具制造或修理中占有非常重要的地位。

1. 刮削工具

常用的刮削工具包括刮刀、研具和显示剂，其特点及应用见表 10-17。

表 10-17　常用刮削工具的特点及应用

工具类型		图　示	特点及应用
刮刀	平面刮刀		按刮削姿势分为手刮刀和挺刮刀，按所刮表面精度要求不同分为粗刮刀、细刮刀和精刮刀三种。主要用来刮削平面，如平板、平面导轨、工作台等，也可用来刮削外曲面
	曲面刮刀		按刀头形状分为三角刮刀和蛇头刮刀。主要用来刮削内曲面，如滑动轴承内孔等
研具	平面研具		研具是用来研磨接触点和检验刮削面精确性的工具，通过与刮削表面磨合，以接触点多少和疏密程度来显示刮削平面的平面度，提供刮削依据。标准平板用来检查宽的平面；桥形平尺用来检验狭长的平面，如检验机床导轨面的直线度误差等
	角度研具		用来检验两个刮削面成角度的组合平面，如 V 形导轨面、燕尾导轨面等。其形状有 55°、60°等多种
	曲面研具		一般以相配合的零件为研具，如主轴的轴颈等。用来检验曲面的接触精度和几何精度
显示剂			用来显示刮削表面误差位置和大小。将显示剂均匀涂抹于研具与刮削表面之间，研后凸起部分就被显示出来 红丹粉分铅丹和铁丹两种，前者呈橘红色，后者呈红褐色。使用时，用机油或牛油调和而成，广泛用于铸铁等黑色金属工件 普鲁士蓝油用普鲁士蓝粉和蓖麻油及适量机油调和而成，呈深蓝色，多用于精密工件和有色金属及其合金的工件

2．刮削接触精度的检查

刮削接触精度常用 25mm×25mm 正方形方框内的研点（接触点）数来检验，研点的数目越多，接触精度越高。在平面刮削中，各种平面接触精度研点数的要求见表 10-18；曲面刮削中，应用较多的是对滑动轴承内孔的刮削，其接触精度研点数的要求见表 10-19。

表 10-18　各种平面接触精度研点数要求

平面种类	每 25mm×25mm 内的研点数	应　用
一般平面	2～5	较粗机件的固定结合面
	5～8	一般结合面
	8～12	机器台面、一般基准面、机床导向面、密封结合面
	12～16	机床导轨及导向面、工具基准面、量具接触面
精密平面	16～20	精密机床导轨、直尺
	20～25	1 级平板、精密量具
超精密平面	>25	0 级平板、高精度机床导轨、精密量具

表 10-19　滑动轴承接触精度研点数要求

轴承直径（mm）	机床或精密机械主轴轴承			锻压设备、通用机械的轴承		动力机械、冶金设备的轴承	
	高精度	精密	普通	重要	普通	重要	普通
	每 25mm×25mm 内的研点数						
≤120	25	20	16	12	8	8	5
>120		16	10	8	6	6	2

3. 刮削方法及工艺

为了保证零件的刮削质量，进一步提高生产效率，刮削时一般按粗刮、细刮、精刮和刮花的步骤进行，刮削方法及工艺要求见表 10-20。

10.4.4　研磨

用研磨工具（研具）和研磨剂从工件上刮去一层极薄金属层的精加工方法称为研磨，经研磨后的工件可获得精确的尺寸、形状和极小的表面粗糙度值，其尺寸精度可达到 0.001～0.005mm，最小表面粗糙度值可达 $Ra0.012\mu m$。

表 10-20　刮削方法及工艺要求

步骤	方法及工艺要求
粗刮	用粗刮刀在刮削面上均匀地铲去一层较厚的金属，目的是去除余量、锈斑及机械刀痕，可采用连续推铲法，使刮削的刀迹连成长片。研点时，显示剂可调得适当稀些，当粗刮到每 25mm×25mm 方框内有 3～4 个研点，粗刮即告结束
细刮	用细刮刀在经粗刮的表面上刮去稀疏的大块高研点，进一步改善不平现象。细刮时可采用短刮法，且随着研点的增多，刀迹逐步缩短。在每刮一遍时，须按一定方向刮削，刮第二遍时要与第一遍交叉方向刮削，以消除原方向的刀迹。研点时，显示剂可调得适当干些，要求涂得薄而均匀。当达到第 25mm×25mm 方框内有 10～14 个研点时，细刮即告结束
精刮	用精刮刀在细刮的基础上，通过点刮法进一步增加研点，改善表面质量，使刮削面符合各项精度要求。精刮时刀迹要更小，不能重复，落刀要轻，起刀要快，并始终交叉地进行刮削。其显示剂应涂得更薄，只轻微改变刮削面的颜色即可
刮花	刮花的目的一是为了增加刮削面的美观，二是为了改善滑动件之间的储油条件，并且可以根据花纹和消失多少来判断平面的磨损程度。但是，在接触精度要求高、研点要求多的工件中，不应该刮成大块花纹，否则不能达到所要求的刮削精度。常见的刮削花纹有斜花纹、鱼鳞花、半月花、燕子花等

1. 研具

研磨加工中，研具必须具备两条基本要求：一是研具材料要容易嵌入磨料，二是研具要能较长久地保持几何形状精度。因此，研具材料的硬度应比研磨工件低，组织要细致均匀，具有较高的耐磨性、稳定性以及有较好的嵌存磨料的性能。常用的研具材料见表 10-21，其类型见表 10-22。

表 10-21　常用的研具材料的特点及应用

材料名称	特点及应用
灰铸铁	具有硬度适中、嵌入性好、价格低、研磨效果好等特点，是一种应用广泛的研具材料
球墨铸铁	球墨铸铁比灰铸铁的嵌入性更好，且更加均匀、牢固，常用于精密工件的研磨
软钢	软钢的韧性较好，不易折断，常用来制作小型工件的研具
铜	铜的性质较软，嵌入性好，常用来制作研磨软钢类工件的研具

2. 研磨剂

研磨剂是由磨料和研磨液调和而成的混合剂。

磨料在研磨中起切削作用，常用的磨料有：刚玉类磨料，用于碳素工具钢、合金工具钢、高速钢和铸铁等工件的研磨；碳化硅磨料，用于研磨硬质合金、陶瓷等高硬度工件，也可用于研磨钢件；金刚石磨料，硬度高，使用效果好，但价格昂贵。根据工件硬度和加工余量，可选用不同规格的磨料。

研磨液在研磨中起的作用是调和磨料、冷却和润滑。常用的研磨液有煤油、汽油、工业用甘油和熟猪油。

3. 研磨方法及工艺

研磨分手工研磨和机械研磨两种。手工研磨应注意选择合理的运动轨迹，这对提高研磨效率、工件的表面质量和研具的寿命有直接的影响。其常用研磨方法和工艺要求见表 10-23。

表 10-22　常用研具的类型及应用

研具类型	图　示	特点及应用
研磨平板		主要用来研磨平面，如研磨量块、精密量具的测量面等。其中，有槽的用于粗研，光滑的用于精研
研磨环		主要用来研磨轴类工件的圆柱表面和圆锥表面。研磨环有固定式和可调式两种，固定式研磨环制造简单，但磨损后无法补偿，多用于单件工件的研磨。可调式研磨环的尺寸可在一定的范围内调整，其使用寿命较长
研磨棒		主要用来研磨套类工件的内孔。研磨棒也有固定式和可调式两种，其中固定式研磨棒又分光滑和带槽两种

表 10-23 常用研磨方法及工艺要求

类型	图　示	要求
平面研磨		研磨平面一般在精磨之后进行。研磨时，将研磨剂涂在研磨平板（研具）上，手持工件按一定的运动轨迹作相对运动。研磨一定时间后，将工件调转 90°～180°，以防工件倾斜。狭窄或较小的工件可借助于靠导块进行研磨。对于工件上局部待研的小平面、方孔、窄缝等表面，也可手持研具进行研磨
外圆研磨	研具（手握）　工件	研磨外圆一般在精磨或精车基础上进行。手工研磨外圆可在车床上进行，在工件和研具之间涂上研磨剂，工件由车床主轴带动旋转，研具用手扶持作轴向往复移动，其移动速度视研磨出来的网纹倾斜角度来控制
内孔研磨	f　工件（手握）　研具　v_c	研磨内孔须在精磨、精铰或精镗之后进行，其方法与外圆柱面的研磨正好相反。研磨时，将研磨棒夹在机床上并转动，把工件套在研磨棒上进行研磨

第11章

铣削、刨削与镗削

铣削是在铣床上使用多刀刃的铣刀进行切削的一种加工方法，铣削是加工平面和键槽的主要方法之一，是一种高效率的加工方法。

在下列零件制造过程中都需要进行铣削加工，如图 11-1 所示。

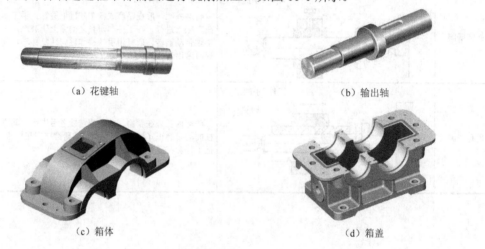

(a) 花键轴   (b) 输出轴

(c) 箱体   (d) 箱盖

图 11-1　铣削加工的零件

铣削时的运动方式较为复杂，以铣刀的旋转运动为主运动，以铣刀的移动或工件的移动、转动为进给运动，如图 11-2 所示。

11.1.1　铣床与铣刀

1. 铣床

铣床的种类很多，常用的有卧式升降台铣床、立式升降台铣床、万能工具铣床和龙门铣床等。铣床主要由主轴、工作台、横向溜板、升降台、主轴变速机构、进给变速机构、床身、底座等组成。

图 11-3 所示为 X6132 型卧式万能升降台铣床，其主轴位置与工作台面平行，具有可沿

床身导轨垂直移动的升降台,安装在升降台上的工作台和横向溜板可分别作纵向、横向移动。该机床附件丰富,适用范围广,安装立铣头后可替代立式铣床进行工作。可在主轴锥孔直接或通过附件安装各种圆柱铣刀、盘形铣刀、成形铣刀、端面铣刀等刀具,适于加工中小型零件的平面、斜面、沟槽、台阶等。

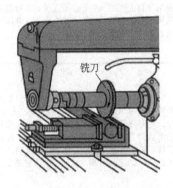

图 11-2 铣削

图 11-3 X6132 型卧式万能升降台铣床

图 11-4 所示为 X5032 型立式升降台铣床,其主轴位置与工作台面垂直,具有可沿床身导轨垂直移动的升降台,安装在升降台上的工作台和横向溜板可分别作纵向、横向移动。该机床刚度好,进给变速范围广,能承受重负荷切削。主轴锥孔可直接或通过附件安装各种端铣刀、立铣刀、键槽铣刀、成形铣刀等刀具,适于加工较复杂中小型零件的平面、键槽、螺旋槽、圆孔等。

2. 铣床附件及配件

铣床上常用的附件及配件有万能铣头、机用虎钳、回转工作台、万能分度头、铣刀杆、端铣刀盘、铣夹头、锥套等,其结构及用途见表 11-1。

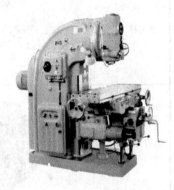

图 11-4 X5032 型立式升降台铣床

表 11-1 铣床附件及配件

名称	结 构	用 途
万能铣头		安装于卧式铣床主轴端,由铣床主轴驱动万能铣头主轴回转,使卧式铣床起立式铣床的功用,从而扩大了卧式铣床的工艺范围
机用虎钳		又称平口钳,是一种通用夹具,将其固定在机床工作台上,用来夹持工件进行切削加工。平口钳适合装夹以平面定位和夹紧的小型板类零件、矩形零件以及轴类零件

名称	结　构	用　途
回转工作台		又称为圆转台，它带有可转动的回转工作台台面，用以装夹工件并实现回转和分度定位。主要用于在其圆工作台面上装夹中、小型工件，进行圆周分度和作圆周进给铣削回转曲面，如有角度、分度要求的孔或槽、工件上的圆弧槽、圆弧外形等
万能分度头		利用分度刻度环、游标、定位销和分度盘以及交换齿轮，将装夹在顶尖间或卡盘上的工件进行圆周等分，角度分度、直线移距分度。辅助机床利用各种不同形状的刀具进行各种多边形、花键、齿轮等的加工工作，并可通过交换齿轮与工作台纵向丝杠连接加工螺旋槽、等速凸轮等，从而扩大了铣床的加工范围
铣刀杆	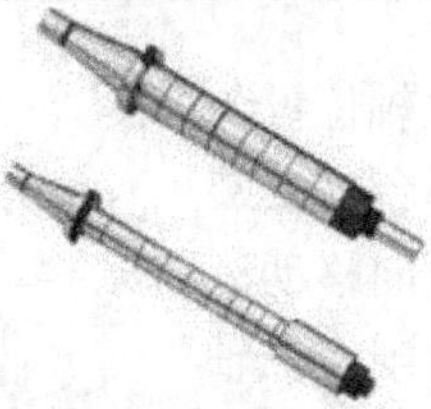	安装于卧式铣床主轴端，用来安装圆柱铣刀、三面刃铣刀等盘形铣刀
端铣刀盘		安装于卧式铣床或立式铣床主轴端，用来安装端铣刀
铣夹头		安装于卧式铣床或立式铣床主轴端，用来安装直柄立铣刀、直柄键槽铣刀等，铣削各种沟槽等
锥套	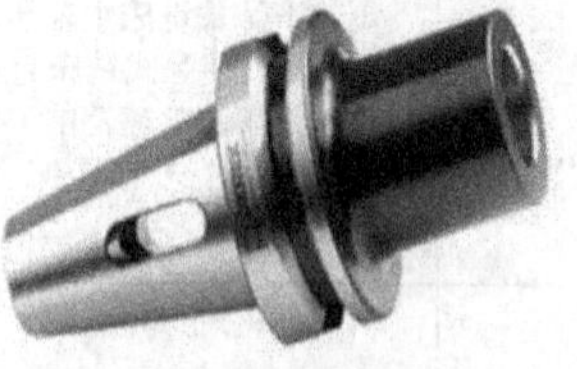	安装于卧式铣床或立式铣床主轴端，用于安装锥柄立铣刀、锥柄键槽铣刀等

3. 铣刀

铣床所用刀具可分为端铣刀、立铣刀、键槽铣刀、圆柱铣刀、三面刃铣刀、锯片铣刀、齿轮铣刀等，其结构和用途见表 11-2。

表 11-2　铣　刀

名称	结　构	用　途
端铣刀		主要用于加工较大的平面
立铣刀		用途较广泛，可以用于铣削各种形状的槽和孔、台阶平面和侧面、各种盘形凸轮与圆柱凸轮、内外曲面等
键槽铣刀	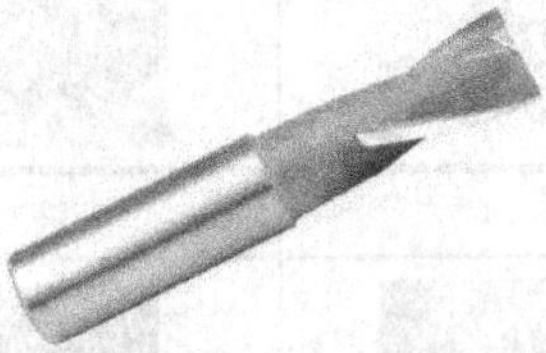	主要用于铣削键槽
圆柱铣刀		主要用于加工窄而长的平面
三面刃铣刀		分直齿、错齿和镶齿等几种，用于铣削各种槽、台阶平面、工件的侧面及凸台平面
锯片铣刀		用于铣削各种窄槽，以及对板料或型材的切断
齿轮铣刀		用于铣削齿轮及齿条

11.1.2 铣床的加工范围与特点

1. 铣床的加工范围

在铣床上使用各种不同的铣刀可以完成平面（平行面、垂直面、斜面）、台阶、槽（直角槽、V 形槽、T 形槽、燕尾槽等）、特形面和切断等加工，配以分度头等铣床附件还可以完成花键轴、齿轮、螺旋槽等加工，在铣床上还可以进行钻孔、铰孔和镗孔等工作。铣床的加工范围见表 11-3。

表 11-3 铣床的加工范围

铣削内容	铣平面	铣台阶	铣特形面
图例		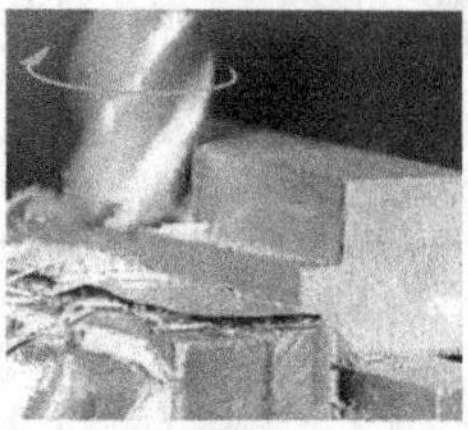	
铣削内容	铣孔	铣花键	铣 V 形槽
图例			
铣削内容	铣圆弧	切断	铣齿轮
图例			

2. 铣削加工的特点

① 铣削在金属切削加工中仅次于车削的加工方法。主运动是铣刀的旋转运动，切削速度较高，除加工狭长平面外，其生产率均高于刨削。

② 铣削时，切削力是变化的，会产生冲击或振动，影响加工精度和工件表面粗糙度。

③ 铣削加工具有较高的加工精度，其经济加工精度一般为 IT9～IT7，表面粗糙度值一般为 $Ra12.5～1.6\mu m$。精细铣削精度可达 IT5，表面粗糙度值可达到 $Ra0.20\mu m$。

④ 铣削特别适合模具等形状复杂的组合体零件的加工，在模具制造等行业中占有非常重要的地位。

11.1.3　铣削方法

1. 周铣和端铣

根据铣刀在切削时刀刃与工件接触的位置不同，铣削可分为周铣、端铣以及周铣与端铣同时进行的混合铣，见表11-4。

表 11-4　铣 削 方 法

名称	概念	图　　例	特点
周铣	用分布在铣刀圆周面上的切削刃铣削并形成已加工表面	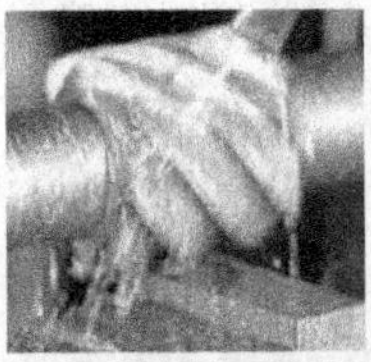 	铣刀的旋转轴线与工件被加工表面平行
端铣	用分布在铣刀端面上的切削刃铣削并形成已加工表面	 	铣刀的旋转轴线与工件被加工表面垂直
混合铣	铣削时，铣刀的圆周刃与端面刃同时参与切削	 	工件上会同时形成两个可两个以上的已加工表面

2. 顺铣与逆铣

根据铣刀切削部位产生的切削力与进给方向间的关系，铣削可分为顺铣和逆铣，铣刀对工件的作用力在进给方向上的分力与工件进给方向相反时为逆铣，相同时为顺铣，见表11-5。

表 11-5　顺铣与逆铣

铣削方式		图　示	特　点
周铣	顺铣	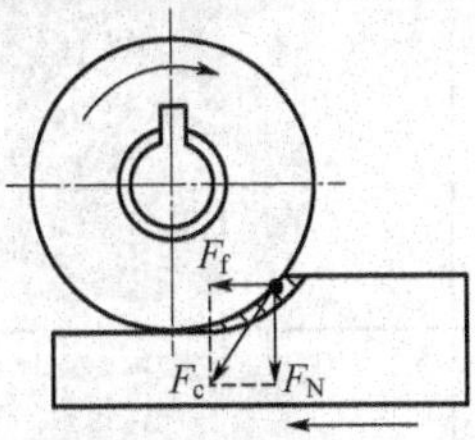 F_f　F_c　F_N	每个刀齿的切削厚度由最大减小到零，同时铣削力将工件压向工作台，减少了工件振动的可能性，尤其铣削薄而长的工件更为有利。顺铣有利于提高刀具耐用度和工件表面质量，以及增加工件夹持的稳定性，但容易引起工作台向前窜动，造成进给量突然增大，甚至引起打刀
周铣	逆铣	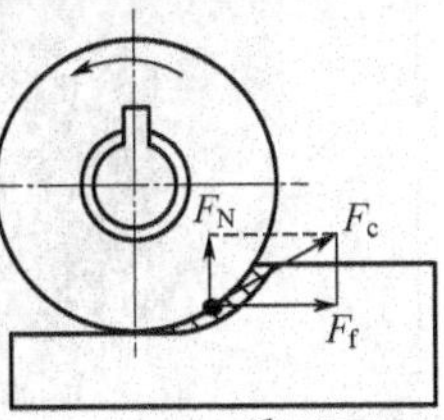 F_N　F_c　F_f	水平分力与进给方向相反，不会引起工作台的窜动从而造成打刀事故，故在生产中多采用逆铣方式。但是逆铣时刀齿与工件之间的摩擦力大，加速了刀具磨损，同时也使表面质量下降。逆铣时，铣削力上抬工件，造成工件夹持不稳

续表

铣削方式		图　示	特　点
端铣	对称铣削	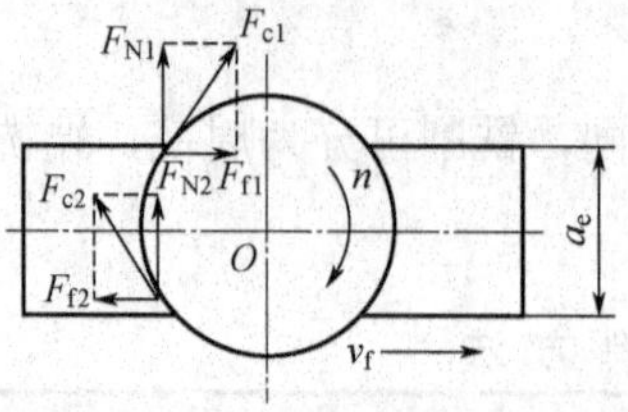	具有最大的平均切削厚度，可避免铣刀切入时对工件表面的挤压、滑行，铣刀耐用度高。在精铣机床导轨面时，可保证刀齿在加工表面冷硬层下铣削，能获得较高的表面质量
	不对称逆铣	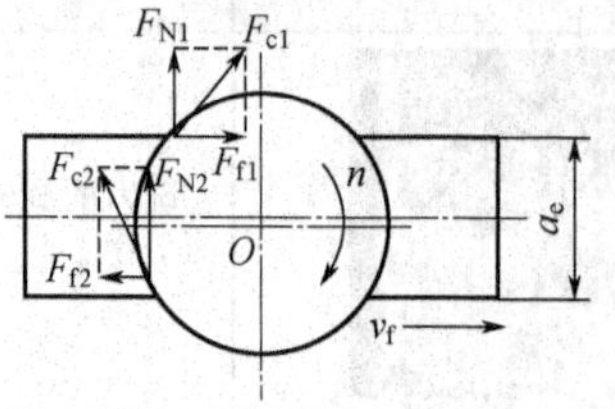	切削平稳，切入时切削厚度小，减小了冲击，从而使刀具耐用度和加工表面质量提高。适合于加工碳钢及低碳合金钢
	不对称顺铣	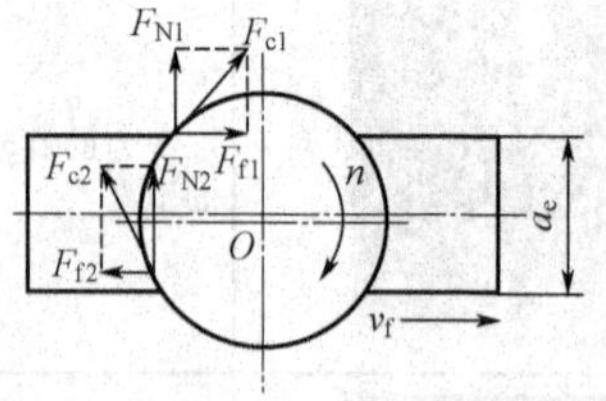	刀齿切出工件时，切削厚度较小，适合于切削强度低、塑性大的材料（如不锈钢、耐热钢等）

11.1.4　工件的装夹

铣削加工中，工件的装夹非常重要，装夹方法也很多，根据工件的类型和数量多少，大体可分为机用虎钳装夹、压板和螺栓装夹、分度头装夹、专用夹具装夹四类，见表 11-6。

表 11-6　铣削时工件的装夹方法

装夹方法	图　示	装夹方法	图　示
机用虎钳装夹工件		分度头一夹一顶装夹工件	
压板和螺栓装夹工件		专用夹具装夹工件	

11.1.5 典型零件的铣削

1. 传动轴上的键槽的铣削

传动轴的铣削工序简图如图 11-5 所示，$\phi 45^{0}_{-0.025}$mm 轴颈上有一个平面键槽，其加工方法及步骤见表 11-7。

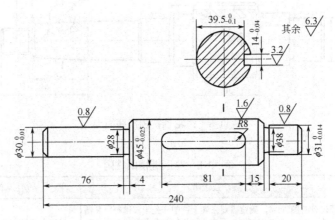

图 11-5　传动轴铣削工序简图

表 11-7　平键槽的铣削

步骤	说　　明	目的及要求
1．分析图样	通过分析图 11-5 可知，须在传动轴上铣削平键槽，槽宽为 $14^{0}_{-0.04}$mm，槽长 81mm，槽深 $39.5^{0}_{-0.1}$mm。键槽侧表面粗糙度值为 $Ra3.2\mu m$，键槽底面表面粗糙度值为 $Ra6.3\mu m$	了解需要铣削的尺寸、部位、作用、要求及有关的加工工艺
2．选择铣床、铣刀、装夹方法	按单件、小批生产，选用 X5032 型立式铣床，$\phi 14$mm 键槽铣刀，分度头，尾座，一夹一顶装夹	根据生产纲领，确定加工的方式
3．确定铣削用量	使用 $\phi 14$mm 键槽铣刀时，铣刀主轴转速为 600r/min。工作台进级量均为 75mm/min	根据刀具尺寸、工件材料、确定铣削用量
4．调整铣床	使用光滑圆柱，用百分表校正分度头和尾座中心与工作台纵向进给方向平行	安装铣刀，调整铣床主轴转速、工作台进给量；安装、校正夹具
5．安装工件	将工件 $\phi 30^{0}_{-0.01}$mm 端部放入分度头三爪自定心卡盘内夹紧，并使尾座顶尖顶紧工件	确定工件定位合理，夹持牢固
6．对刀	采用擦刀对刀法，将键槽铣刀的轴线对准工件中心	确定铣刀与工件的相对正确位置，以保证所铣键槽的对称度要求和位置要求
7．铣削键槽	采用分层铣削法，每层铣削 1.5mm，铣削两键槽至尺寸要求	完成键槽的铣削
8．去毛刺，检测工件	用锉刀将键槽上毛刺去除后，综合检验各项技术要求	确定所铣键槽是否合格

2. 齿轮轴上半圆键槽和齿轮的铣削

齿轮轴铣削工序简图如图 11-6 所示，半圆键槽的铣销见表 11-8，齿轮的铣销见表 11-9。

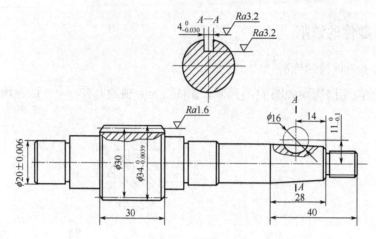

图 11-6　齿轮轴铣削工序简图

表 11-8　半圆键槽的铣削

步骤	图示及说明	目的及要求
1. 分析图样	通过分析图 11-6，确定需要在其上铣削一处半圆键槽，其槽宽为 $4_{-0.030}^{0}$mm，半圆键槽圆柱面中心到齿轮轴公共轴线的距离为 $11_{-0.1}^{0}$mm，定位尺寸为 14mm。键槽侧表面粗糙度值为 $Ra3.2\mu m$，键槽底面表面粗糙度值为 $Ra6.3\mu m$	了解需要铣削的尺寸、部位、作用、要求及有关的加工工艺
2. 选择铣床、铣刀、装夹方法	按单件、小批生产，选用 X5032 型立式铣床，4mm、16mm 半圆键槽铣刀，分度头，尾座，一夹一顶装夹	根据生产纲领，确定加工的方式
3. 确定铣削用量	铣刀主轴转速为 375r/min	根据刀具尺寸、工件材料确定铣削用量
4. 调整铣床	使用光滑圆柱，用百分表校正分度头和尾座中心与工作台纵向进给方向平行	安装铣刀，调整铣床主轴转速、工作台进给量；安装、校正夹具
5. 安装工件	将工件 $\phi20\pm0.006$mm 端部放入分度头三爪自定心卡盘内夹紧，并使尾座顶尖顶紧工件	确定工件定位合理，夹持牢固
6. 对刀	采用划线对刀法，将半圆键槽铣刀的轴线对准工件中心	确定铣刀与工件的相对正确位置，以保证所铣键槽的对称度要求和位置要求
7. 铣削半圆键槽	采用手动进给，铣削半圆键槽至尺寸要求	完成半圆键槽的铣削
8. 去毛刺，检测工件	用锉刀将半圆键槽上毛刺去除后，综合检验各项技术要求	确定所铣半圆键槽是否合格

表 11-9　齿轮的铣削

步骤	图示及说明	目的及要求
1. 分析图样	图 11-6 中，确定加工一模数为 2mm、齿数为 15 的圆柱齿轮。其精度等级为 8—7—7—DC，齿面的表面粗糙度值为 $Ra1.6\mu m$，且齿面需要淬火。此时只能对齿面进行粗加工	了解需要铣削的尺寸、部位、作用、要求及有关的加工工艺
2. 选择铣床、铣刀、装夹方法	按单件、小批生产，选用 X6132 型卧式铣床，模数为 2mm 的 2 号齿轮铣刀，分度头，尾座，一夹一顶装夹	根据生产纲领，确定加工的方式
3. 确定铣削用量	铣刀主轴转速为 95r/min，工作台进级量为 75mm/min	根据刀具尺寸、工件材料确定铣削用量
4. 调整铣床	使用光滑圆柱，用百分表校正分度头和尾座中心与工作台纵向进给方向平行	安装铣刀，调整铣床主轴转速、工作台进给量；安装、校正夹具

步骤	图示及说明	目的及要求
5. 安装工件	将工件左侧 $\phi20\pm0.006$mm 端部放入分度头三爪自定心卡盘内夹紧,并使尾座顶尖顶紧工件	确定工件定位合理,夹持牢固
6. 对刀	采用切痕对刀法,将齿轮铣刀的轴线对准工件中心	确定铣刀与工件的相对正确位置,以保证所铣齿面的对称度要求和位置要求
7. 铣削齿轮	采用分层铣削法,铣削齿面至尺寸要求	完成齿面的铣削
8. 去毛刺,检测工件	用锉刀将齿面上毛刺去除后,综合检验各项技术要求	确定所铣齿面是否合格

3. 箱盖透视安装平面的铣削

图 11-1(d)所示箱盖,其上需要铣削的平面有箱盖对合面(下平面)、轴承孔两端面和透视窗安装平面。其中透视窗安装平面的铣削见表 11-10。

表 11-10 透视窗安装平面的铣削(单件、小批生产)

步骤	图示及说明	目的及要求
1. 分析图样	透视窗安装平面与对合面成 10°夹角,表面粗糙度值为 $Ra12.5\mu m$	了解需要铣削的尺寸、部位、作用、要求及有关的加工工艺
2. 选择铣床、铣刀、装夹方法	选用 X5032 型立式铣床,选用直径为 100mm、齿数为 4 的硬质合金端铣刀,用压板、螺栓装夹工件	根据生产纲领,确定加工的方式
3. 确定铣削用量	铣刀主轴转速为 300r/min,工作台进给量为 235mm/min	根据刀具尺寸、工件材料确定铣削用量
4. 调整铣床	将 X5032 铣床的主轴偏转 10°后,安装端铣刀并调整铣床主轴转速、工作台进给量	安装铣刀,调整铣床主轴转速、工作台进给量;安装、校正夹具
5. 安装工件	以箱盖对合面(上下面)为基准,将工件用压板安装在工作台上	确定工件定位合理,夹持牢固
6. 铣削平面	采用分层铣削法,每层铣削 2mm,铣削平面至尺寸要求	完成平面的铣削
7. 去毛刺,检测工件	用锉刀将平面上毛刺去除后,综合检验各项技术要求	确定所铣平面是否合格

11.2 刨削与镗削

刨削(插削)和镗削大多使用单刃刀具,是以刨刀(插刀)或镗刀的运动为主运动,以工件或刀具作进给运动所进行的切削加工方法。

在箱体零件加工中,箱体的底平面需要刨削,箱盖和箱体合箱后的孔系其中的端盖定位槽需要镗削,如图 11-7 所示。

(a)箱体　　　　　　　　　(b)齿轮　　　　　　　　　(c)减速箱

图 11-7 刨削和镗削加工的零件

11.2.1　刨床与插床

如图 11-8 所示，刨削是用刨刀对工件作水平相对直线往复运动的切削加工方法。刨削时，刨刀（或工件）的直线往复运动是主运动，工件（或刨刀）在垂直于主运动方向的间歇移动是进给运动，而插削相当于立式刨削，是使用插刀对工件作垂直相对直线往复运动的切削加工方法。

1. 刨床和插床

（1）刨床

刨床分为牛头刨床、龙门刨床（包括悬臂刨床）等。其中最为常见的牛头刨床由床身、滑枕、刀架、工作台等主要部件组成。牛头刨床的结构如图 11-9 所示。

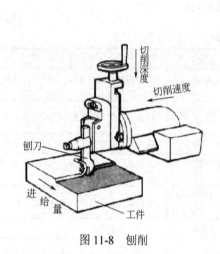

图 11-8　刨削

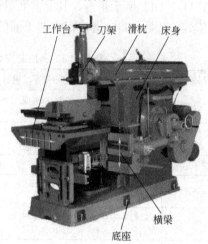

图 11-9　牛头刨床

（2）插床

插床主要由床身、圆工作台、滑枕、变速机构和分度机构等组成，如图 11-10 所示。

图 11-10　插床

2. 刨削的加工范围

刨削可以加工平面（水平面、垂直面、斜面）、台阶、槽、曲面等，见表 11-11。

表 11-11 常用的刨削加工范围

刨削内容	刨水平面	刨垂直面	刨斜面
图例	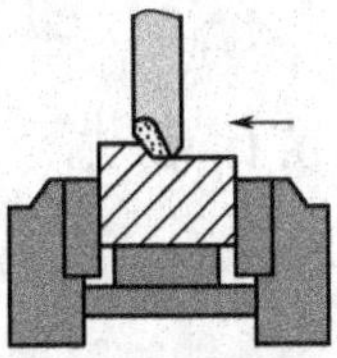	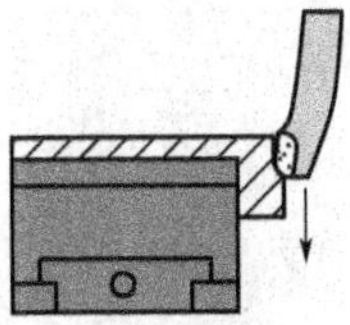	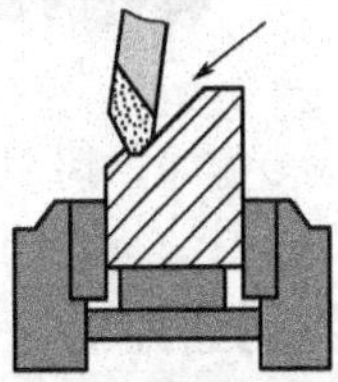
刨削内容	刨台阶	刨直角沟槽	刨 T 形槽
图例	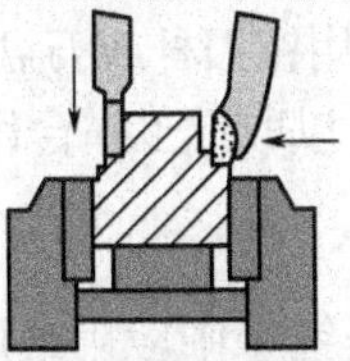	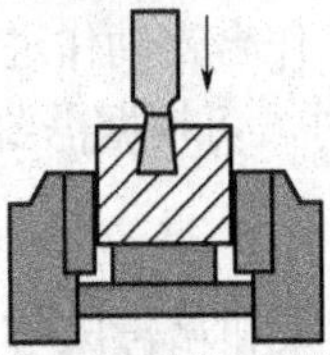	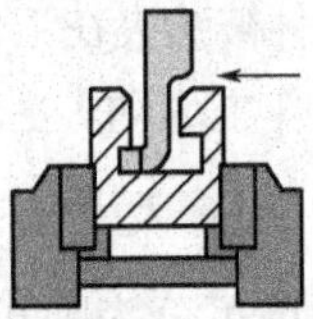
刨削内容	刨曲面	孔内加工	刨齿条
图例		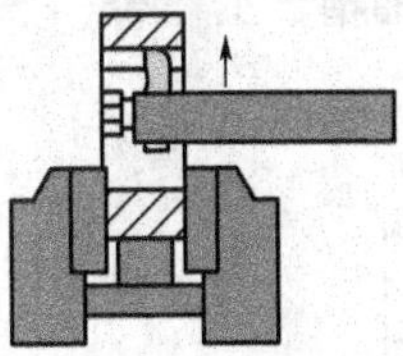	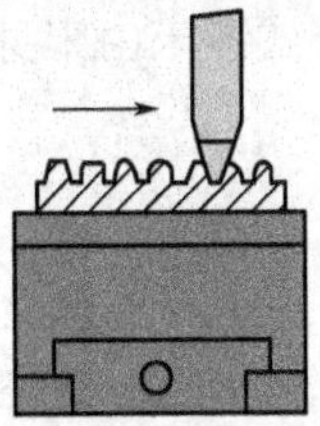

3. 刨削的工艺特点

① 刨削的主运动是直线往复运动，在空行程时作间歇进给运动。由于刨削过程中无进给运动，因此刀具的切削角不变。

② 刨床结构简单，调整操作都较方便；刨刀为单刃工具，制造和磨较简单，价格低廉。因此，刨削生产成本较低。

③ 由于刨削的主运动是直线往复运动，刀具切入和切离工件时有冲击负载，因而限制了切削速度的提高，此外，还存在空行程损失，故刨削生产效率较低。

④ 刨削的加工精度通常为 IT9~IT7，表面粗糙度值一般为 $Ra12.5\sim1.6\mu m$。采用宽刃刀精刨时，加工精度可达 IT6，表面粗糙度值可达到 $Ra0.8\sim0.2\mu m$。

4. 刨刀和插刀

刨刀属单刃刀具，如图 11-11 所示，其几何形状与车刀大致相同，由于刨削为断续切削，每次在切入工件时，刨刀承受较大的冲击力，因此其截面尺寸一般为车刀的 1.25~1.5 倍，并采用较大的负刃倾角（-10°~-20°），以提高切削刃抗冲击载荷的能力。刨刀采用弯头结构，以避免"扎刀"和回程时损坏已加工表面。

插刀如图 11-12 所示，插刀与刨刀基本相同，只是刨刀在水平方向进行切削，而插刀在垂直方向进行切削。为了避免插刀的刀杆与工件相碰，插刀刀刃应该突出于刀杆。

图 11-11　刨刀

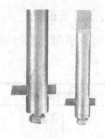

图 11-12　插刀

11.2.2　镗削

镗削是镗刀旋转作主运动、工件或镗刀作进给运动的切削加工方法，如图 11-13 所示。镗削时，工件被装夹在工作台上，并由工作台带动作进给运动，镗刀用镗刀杆或刀盘装夹，由主轴带动回转作主运动。主轴在回转的同时，可根据需要作轴向移动，以取代工作台作进给运动。

1. 镗床及加工范围

镗床可分为卧式镗床、坐标镗床和精镗床等。卧式镗床是镗床中应用最广泛的一种，它主要用于箱体（或支架）等零件的孔加工及与孔有关的其他加工面加工。

卧式镗床由床身、主轴、主轴箱、工作台、平旋盘、主立柱、尾立柱等组成，如图 11-14 所示。

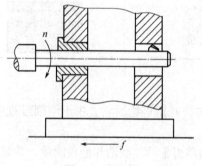

图 11-13　镗削

图 11-14　卧式镗床

镗削除了可在镗床上进行外，还可在加工中心或组合机床上进行，主要用于加工箱体、支架和机座等工件上的圆柱孔、螺纹孔、孔内沟槽和端面，当采用特殊附件时，也可加工内外球面、锥孔等，见表 11-12。

表 11-12　镗削加工范围

镗削内容	镗小直径孔	镗大直径孔	镗平面
图例			

续表

镗削内容	钻孔	用工作台进给镗螺纹	用主轴进给镗螺纹
图例			

2. 镗削的工艺特点

① 镗刀结构简单，刃磨方便，成本低，适合箱体、机架等结构复杂的大型零件上的孔加工。

② 镗削加工操作技术要求高。镗削可以方便地加工直径很大的孔。镗削能方便地实现对孔系的加工。

③ 镗床多种部件能实现进给运动，因此，工艺适应能力强，能加工形状多样、大小不一的各种工件的多种表面。

④ 镗孔可修正上一工序所产生的孔的轴线位置误差，保证孔的位置精度。镗孔的经济加工精度等级为 IT9～IT7，孔距精度可达 0.015mm，表面粗糙度值为 $Ra3.2～0.8\mu m$。

3. 镗刀

镗刀一般是圆柄的，工件较大时可使用方刀柄。镗刀最常用的场合就是内孔加工。它有一个或两个切削部分，专门用于对已有的孔进行粗加工、半精加工和精加工。镗刀可在镗床、车床或铣床上使用。镗刀可分为单刃镗刀（图 11-15）和双刃镗刀（图 11-16）两类。

图 11-15　单刃镗刀及可调镗刀

单刃镗刀切削部分的形状与车刀相似。双刃镗刀按刀片在镗杆上浮动与否分为定装镗刀和浮动镗刀（图 11-17）。浮动镗刀适用于孔的精加工。为了提高重磨次数，浮动镗刀常制成可调结构。

图 11-16　双刃镗刀及刀柄

图 11-17　浮动镗刀

11.2.3 刨削、插削与镗削的典型零件加工

1. 箱体底平面的刨削

图 11-7（a）所示箱体底平面加工时需要刨削，刨削方法与步骤见表 11-13。

表 11-13 箱体底平面的刨削

步 骤	说 明	目的及要求
1. 分析图样	将底平面进行粗刨，控制表面粗糙度值为 $Ra6.3\mu m$	了解需要刨削的尺寸、部位、作用、要求及有关的加工工艺
2. 选择刨床、刨刀、装夹方法	按单件、小批生产，选用 B6050 型牛头刨床，平面刨刀，用压板、螺栓进行装夹	根据生产纲领，确定加工的方式
3. 确定刨削用量	刨削深度 α_p 为 2mm，进给量 f 为 0.33mm/str，切削速度 v 为 30m/min（str 表示往复一次）	根据刀具尺寸、工件材料、确定刨削用量
4. 调整刨床	将刨床工作台调整至适当高度后紧固	安装刨刀，调整滑枕每分钟往返次数、工作台进给量
5. 安装工件	以箱盖对合面（上下面）为基准，将工件用压板安装在工作台上	确定工件定位合理，夹持牢固
6. 刨削平面	采用分层刨削法，按划线将底平面锯削完成	确保所刨平面符合技术要求
7. 去毛刺，检测工件	用锉刀将底平面上毛刺去除后，综合检验各项技术要求	确定所刨平面是否合格

2. 齿轮平键槽的插削

齿轮内键槽的插削工序简图如图 11-18 所示，插削方法及步骤见表 11-14。

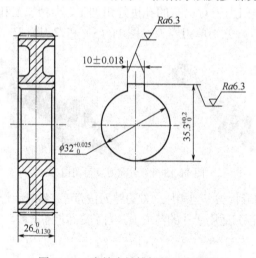

图 11-18 齿轮内键槽插削工序简图

表 11-14 平键槽的插削

步 骤	说 明	目的及要求
1. 分析图样	通过分析图 11-18，确定在齿轮内孔中插一平键槽，槽宽 $10\pm0.018mm$，槽深 $35.3^{+0.2}_{0}$ mm，键槽侧面表面粗糙度值为 $Ra3.2\mu m$，键槽底面表面粗糙度值为 $Ra6.3\mu m$	了解需要插削的尺寸、部位、作用、要求及有关的加工工艺

续表

步　骤	说　明	目的及要求
2. 选择插床、插刀、装夹方法	按单件、小批生产，选用 B5032 型插床，10mm 插刀，用三爪自定心卡盘装夹	根据生产纲领，确定加工的方式
3. 确定插削用量	插削进给量为 0.33mm/str，切削速度为 30m/min	根据刀具尺寸、工件材料确定插削用量
4. 调整插床	将插床工作台调整至适当位置	安装插刀，调整滑枕每分钟往返次数、工作台进给量
5. 安装工件	以齿轮外圆为基准，将工件用三爪自定心卡盘夹紧	确定工件定位合理，夹持牢固
6. 对刀	采用试切对刀法将工件中心平面与插刀中心平面重合	确定插刀与工件的相对正确位置，以保证所插键槽的对称度要求
7. 插削键槽	采用分层插削法，将平键插削完成	确保所插键槽符合技术要求
8. 去毛刺，检测工件	用锉刀将平键槽上毛刺去除后，综合检验各项技术要求	确定所插键槽是否合格

3. 箱体孔系的镗削

图 11-7（c）所示减速器加工中，箱体和箱盖合箱后加工轴承孔和定位槽，其中轴承孔的镗削见表 11-15。

表 11-15　轴承孔的镗削

步　骤	说　明	目的及要求
1. 分析图样	须在其上镗削两处圆孔，一处为 $\phi 47_{-0.018}^{-0.007}$mm，另一处为 $\phi 62_{+0.021}^{+0.009}$mm，孔深均为 70 ± 0.06mm；定位尺寸为 65mm 和 80 ± 0.1mm，表面粗糙度值为 $Ra3.2\mu$m	了解需要镗削的尺寸、部位、作用、要求及有关的加工工艺
2. 选择镗床、镗刀、装夹方法	按单件、小批生产，选用 TX617 型卧式镗床，$\phi 30$ 和 $\phi 45$mm、长 125mm 可调镗刀杆各一根，粗、精刀头各一把；用压板、螺栓装夹	根据生产纲领，确定加工的方式
3. 确定镗削用量	镗削 $\phi 47_{-0.018}^{-0.007}$mm 孔时，主轴转速为 580r/min；镗削 $\phi 62_{+0.021}^{+0.009}$mm 孔时，主轴转速为 410r/min。工作台进级量均为 0.1～0.2mm/r	根据刀具尺寸、工件材料确定镗削用量
4. 调整镗床	将镗头调整到适当位置	安装镗刀，调整主轴转速、工作台进给量
5. 安装工件	用压板、螺栓将工件夹紧在镗床工作台面上	确定工件定位合理，夹持牢固
6. 对刀	采用划线试切对刀法，将镗刀的轴线对准工件 $\phi 47_{-0.018}^{-0.007}$孔的中心	确定镗刀与工件的相对正确位置，以保证所镗孔的位置要求
7. 镗孔	采用粗、精镗分别将两孔镗削至尺寸要求，并保证两孔的中心距为 70 ± 0.06mm	完成孔的镗削
8. 去毛刺，检测工件	用锉刀将孔上毛刺去除后，综合检验各项技术要求	确定所镗孔是否合格

第12章

磨　削

　　磨削是用磨具以较高的线速度对工件表面进行加工的方法。磨具（磨削工具）是以磨料为主制造而成的一类切削工具。以砂轮为磨具的普通磨削应用最为广泛。图 12-1 所示零件的精加工就是在磨床上完成的。

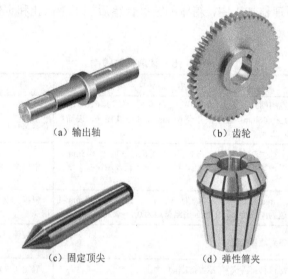

（a）输出轴　　　　　　　　　　　（b）齿轮

（c）固定顶尖　　　　　　　　　　（d）弹性筒夹

图 12-1　典型磨削零件

　　磨床的种类很多，主要有外圆磨床、内圆磨床、平面及端面磨床、工具磨床等。此外，还有导轨磨床、曲轴磨床、凸轮轴磨床、花键轴磨床及轧辊磨床等专用磨床。应用最多的是外圆磨床和平面磨床。

12.1　磨床

12.1.1　常用磨床

1. 外圆磨床

　　图 12-2 所示为常用的万能外圆磨床的外形图。在这种磨床上，可以磨削内、外圆柱和圆锥。

（1）主要部件及其功用

① 床身。用以支承磨床其他部件。床身上面有纵向导轨和横向导轨，分别为磨床工作台和砂轮架的移动导向。

② 头架。头架主轴可与卡盘连接或安装顶尖，用以装夹工件。头架主轴由头架上的电动机经带传动、头架内的变速机构带动回转，实现工件的圆周进给，转速为 25～224r/min，共有 6 级。头架可绕垂直轴线逆时针回转 0°～90°。

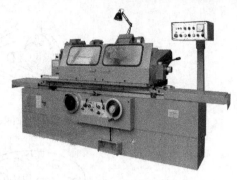

图 12-2　万能外圆磨床

③ 砂轮架。砂轮架用以支承砂轮主轴，可沿床身横向导轨移动，实现砂轮的径向（横向）进给。砂轮的径向进给量可以通过手轮手动调节。安装于主轴的砂轮由一独立的电动机通过带传动使其回转，转速为 1670r/min。砂轮架可绕垂直轴线回转-30°～30°。

④ 工作台。工作台由上、下两层组成，上层可绕下层中心线在水平面内顺（逆）时针回转 3°（共 6°），以便磨削小锥角的长圆锥工件。工作台上层用以安装头架和尾座，工作台下层连同上层一起沿纵向导轨移动，实现工件的纵向进给。纵向进给可通过手轮手动调节。工作台的纵向进给运动由床身内的液压传动装置驱动。

⑤ 尾座。尾座套筒内安装尾顶尖，用以支承工件的另一端。后端装有弹簧，利用可调节的弹簧力顶紧工件，也可以在长工件受磨削热影响而伸长或弯曲变形的情况上，为工件的装卸提供方便。装卸工件时，可采用手动或液压方式使尾座套筒缩回。

⑥ 内圆磨头。其上装有内圆磨具，用来磨削内圆。它由专门的电动机经平带带动其主轴高速回转（10000r/min 以上），实现内圆磨削的主运动。不用时，内圆磨头翻转到砂轮架上方，磨内圆时将其翻下使用。

（2）主运动与进给运动

① 主运动。磨削外圆时为砂轮的回转运动，磨内圆时为内圆磨头的磨具（砂轮）的回转运动。

② 进给运动。

工件的圆周进给运动，即头架主轴的回转运动。

工作台的纵向进给运动，由液压传动实现。

砂轮架的横向进给运动，为步进运动。即每当工作台一个纵向往复运动终了，由机械传动机构使砂轮架横向移动一个位移量（控制背吃刀量）。

2. 平面磨床

（1）平面磨床的类型

常用的平面磨床按其砂轮轴线位置和工作台的结构特点，可分为卧轴矩台平面磨床、立轴矩台平面磨床、卧轴圆台平面磨床、立轴圆台平面磨床等几种类型（图 12-3）。其中，卧轴矩台平面磨床应用最广。

（2）平面磨床的结构

如图 12-4 所示是一种常用的卧轴矩台平面磨床，它由床身、立柱、工作台和磨头等主要部件组成。

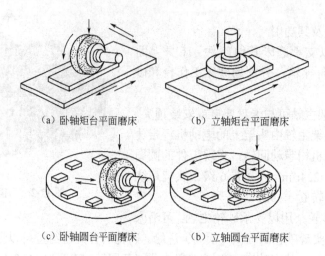

（a）卧轴矩台平面磨床　　　　（b）立轴矩台平面磨床

（c）卧轴圆台平面磨床　　　　（b）立轴圆台平面磨床

图 12-3　平面磨床的几种类型及其磨削运动

平面磨床的主要部件及其功用如下。

矩形工作台安装在床身的水平纵向导轨上，由液压传动系统实现纵向直线往复移动，利用撞块自动控制换向。工作台上装有电磁吸盘，用于固定、装夹工件或夹具。

装有砂轮主轴的磨头可沿床鞍上的水平燕尾导轨移动，磨削时的横向步进进给和调整时的横向连续移动由液压传动系统实现，也可用横向手轮手动操纵。

磨头的高低位置调整或垂直进给运动由升降手轮操纵，通过床鞍沿立柱的垂直导轨移动来实现。

（3）主运动与进给运动

M7120A 型平面磨床运动示意图如图 12-5 所示。

① 主运动：磨头主轴上砂轮的回转运动是主运动。

② 进给运动：包括工作台的纵向进给运动、砂轮的横向和垂直进给运动。

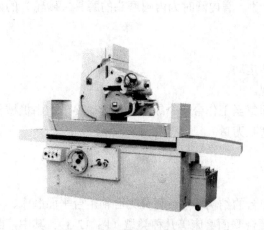

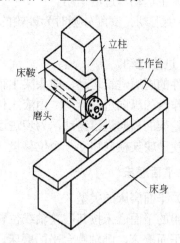

图 12-4　卧轴矩台平面磨床　　　　图 12-5　M7120A 型平面磨床运动示意图

工作台的纵向进给运动由液压传动实现，移动速度范围为 1～18m/min。

砂轮架的横向进给运动在工作台每一个纵向往复运动终了时，由磨头沿床鞍的水平导轨横向步进实现。

砂轮的垂直进给运动，手动使床鞍沿立柱垂直导轨上下移动，用以调整磨头的高低位置和控制背吃刀量。

12.1.2 磨削的主要加工内容

磨削在各类磨床上实现，磨削的主要加工内容见表 12-1。

表 12-1 磨削的主要加工内容

磨削内容	磨外圆	磨孔	磨平面
图例	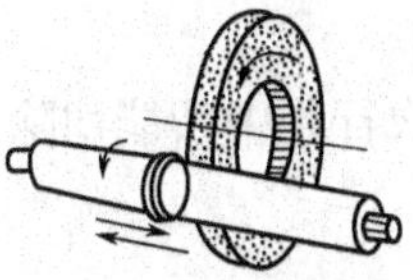	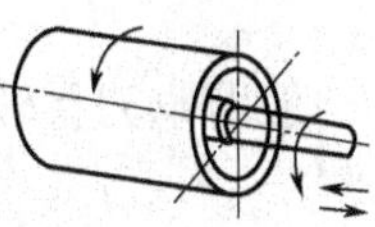	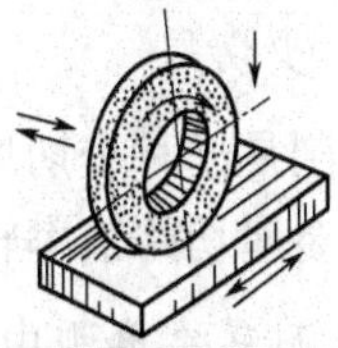
磨削内容	无心磨削	磨成形面	磨螺纹
图例	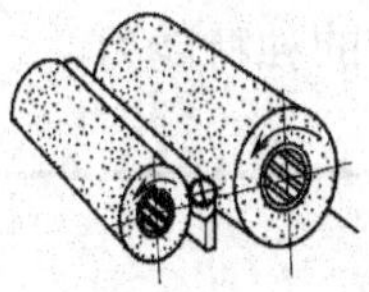	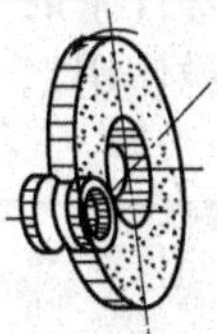	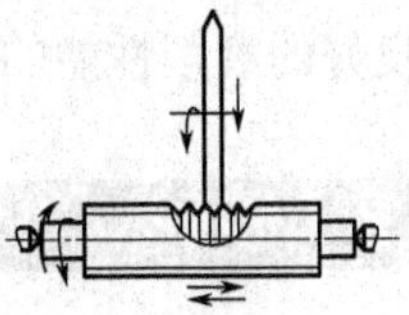
磨削内容	磨齿轮	磨花键	磨导轨
图例	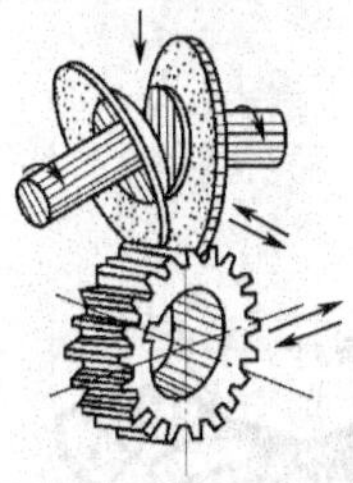	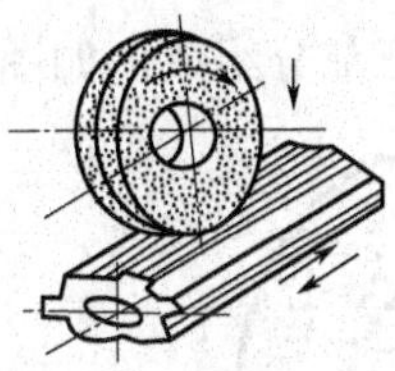	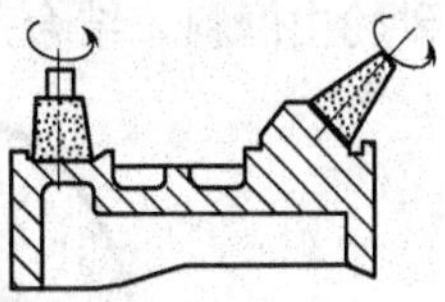

在磨床上磨削工件，广泛用于工件的精加工，尤其是淬硬钢件、高硬度特殊材料及非金属材料（如陶瓷）的精加工。

12.1.3 磨削的工艺特点

1. 磨削速度高

磨削时，砂轮高速回转，具有很高的圆周速度。目前，一般磨削的砂轮圆周速度可达 35m/s，高速磨削时可达 50～85m/s。

2. 磨削温度高

磨削时，砂轮对工件表面除有切削作用外，还有强烈的摩擦作用，产生大量热量。而砂轮的导热性差，热量不易散发，导致磨削区域温度急剧升高（可达 400～1000℃）容易引起工件表面退火或烧伤。

3. 能获得很好的加工质量

磨削可获得很高的加工精度，其经济加工精度为 IT7～IT6；磨削可获得很小的表面粗糙度值（Ra0.8～0.2μm），因此磨削被广泛用于工件的精加工。

4. 磨削范围广

砂轮不仅可以加工未淬火钢、铸铁、铜、铝等较软的材料，而且还可以磨削硬度很高的材料，如淬硬钢、高速钢、钛合金、硬质合金以及非金属材料（如玻璃）等。

磨削是机械制造中重要的加工工艺，已广泛用于各种表面的精密加工。许多精密铸造成形的铸件、精密锻造的锻件和重要配合面也要经过磨削才能达到精度要求。因此，磨削在机械制造业中的应用日益广泛。

5. 少切屑

磨削是一种少切屑加工方法，一般背吃刀量较小，在一次行程中所能切除的材料层较薄，因此，金属切除效率较低。

6. 砂轮在磨削中具有自锐作用

磨削时，部分磨钝的磨粒在一定条件下能自动脱落或崩碎，从而露出新的磨粒，使砂轮保持良好的磨削性能的现象称为"自锐作用"。这是砂轮具有的独特能力。

12.2 砂轮

12.2.1 砂轮的组成

砂轮由磨料、结合剂和气孔三部分组成，如图 12-6 所示。

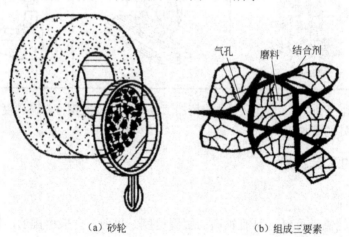

（a）砂轮   （b）组成三要素

图 12-6　砂轮的组成

12.2.2 砂轮的标记

各种不同特性的砂轮均有一定的适用范围。按照实际的磨削要求合理地选择和使用砂轮，首先要会识读砂轮的标记。

1. 砂轮标记示例

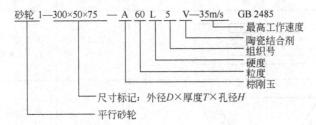

2. 砂轮标记的内容

砂轮（磨具）的标记由磨具名称、标准号、形状型号、尺寸以及砂轮特性标记组成。

砂轮特性标记包括按表 12-2 顺序排列的 8 个符号内容。

表 12-2　砂轮特性标记符号的内容及示例

特性顺序	1	2	3	4	5	6	7
	磨料种类	粒度	硬度等级	组织	结合剂种类	结合剂牌号	最高工作速度
示例	A	60	L	5	V	23	35

3. 砂轮的型号、形状和尺寸代号

根据磨床的结构及磨削的加工需要，砂轮有各种形状和不同的尺寸规格。表 12-3 为常用砂轮的型号、名称及其形状、尺寸代号。

表 12-3　常用砂轮的型号、名称及其形状、尺寸代号

型号	示意图	名称	基本用途
1	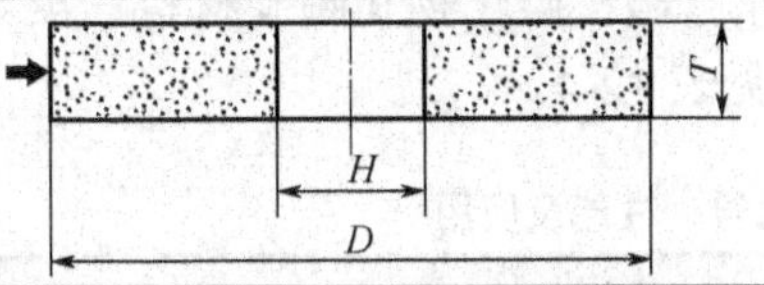	平形砂轮	用于外圆、内圆、平面、无心磨削、刀具刃磨和螺纹磨削
2	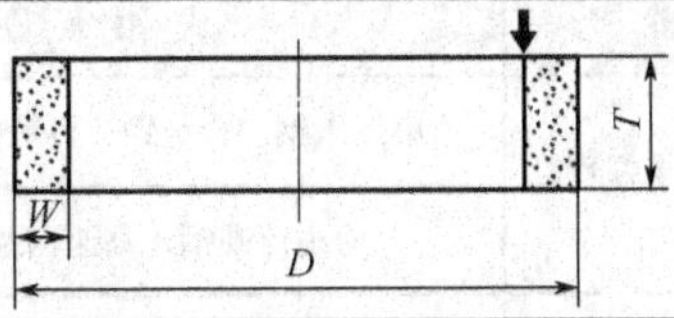	筒形砂轮	用于立式平面磨床上磨平面
3	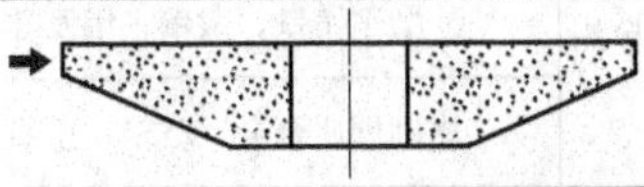	单斜边砂轮	用于工具磨削，如刃磨铣刀、铰刀、插齿刀等
4	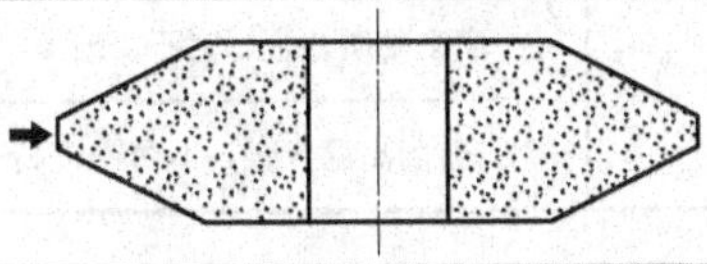	双斜边砂轮	用于磨削齿轮齿面和单线螺纹等
6	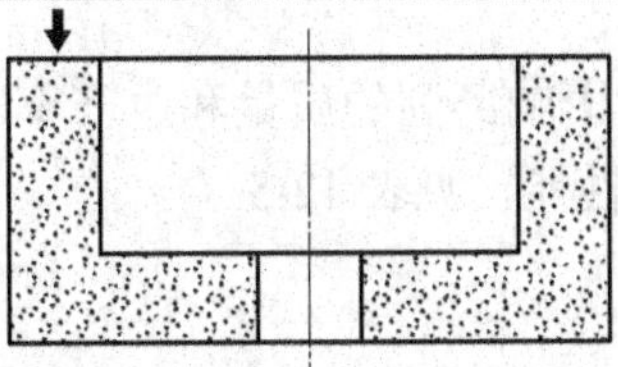	杯形砂轮	主要用于刃磨铣刀、铰刀、拉刀等，也可用于磨平面和内圆

型 号	示 意 图	名 称	基 本 用 途
7		双面凹一号砂轮	主要用于外圆磨削和刃磨刀具，还可作为无心磨削的导轮和磨削轮
11		碗形砂轮	应用范围广泛，主要用于刃磨铣刀、铰刀、拉刀、盘形车刀等，也可用于磨机床导轨
12a		碟形一号砂轮	用于刃磨铣刀、铰刀、拉刀和其他刀具，大尺寸的一般用于磨削齿轮齿面
41		薄片砂轮	用于切断和开槽等

4. 砂轮特性及其标记

（1）磨料种类

磨具（砂轮）中磨粒的材料称为磨料，它是砂轮的主要成分，是砂轮产生切削作用的根本要素。由于磨削时要承受强烈的挤压、摩擦和高温和作用，所以磨料应具有极高的硬度、耐磨性、耐热性，以及相当的韧性和化学稳定性。

制造砂轮的磨料，按成分一般分为氧化物（刚玉）、碳化物和超硬材料三类。普通磨料的代号和类别应符合 GB/T 2476—1994 的规定，见表 12-4。

表 12-4　常用磨料的代号、性能及应用

系 别	名 称	代 号	性 能	适 用 范 围
氧化物系 Al2O3（刚玉）	棕刚玉	A	硬度较高、韧性较好	磨削碳钢、合金钢、可锻铸铁、硬青铜
	白刚玉	WA		磨削淬硬钢、高速钢及成形磨削
碳化物系 SiC	黑碳化硅	C	硬度高、韧性差、导热性较好	磨削铸铁、黄铜、铝及非金属等
	绿碳化硅	GC		磨削硬质合金、玻璃、玉石、陶瓷等
高硬磨料系 CNB	人造金刚石	SD	硬度很高	磨削硬质合金、宝石、玻璃、硅片等
	立方氮化硼	CBN		磨削高温合金、不锈钢、高速钢等

（2）粒度

粒度是表示磨料颗粒尺寸大小的参数。磨料粒度影响磨削的质量和生产率。 粒度的选择主要依据加工的表面粗糙度要求和加工材料的力学性能，见表 12-5。

表 12-5　粒度及选择

粒度	粗磨粒 F4～F220			微粉 F230～F1200
	粗粒度	中粒度	细粒度	极细粒度
粒度值	4	30	70	230
	5	36	80	240
	6	40	90	280
	7	46	100	320
	8	54	120	360
	10	60	150	400
	12		180	500
	14		220	600
	16			800
	20			1000
	22			1200
	24			
选用	粗磨或磨削质软、塑性大的材料	半精磨	精磨或磨削质硬、性脆的材料	超精磨削

（3）硬度等级

砂轮的硬度是指结合剂黏结磨料颗粒的牢固程度，它表示砂轮在外力（磨削抗力）作用下磨料颗粒从砂轮表面脱落的难易程度。磨粒容易脱落的砂轮硬度低，称为软砂轮；磨粒不容易脱落的砂轮硬度高，称为硬砂轮。

砂轮的硬度对磨削的加工精度和生产效率有很大的影响。通常磨削硬度高的材料应选用软砂轮，以保证磨钝的磨粒能及时脱落；磨削硬度低的材料应选用硬砂轮，以充分发挥磨粒的切削作用。砂轮的硬度及等级代号见表 12-6。

表 12-6　砂轮的硬度及等级代号

砂轮的硬度等级代号				砂轮的硬度
A	B	C	D	极软
E	F	G		很软
H		J	K	软
L	M	N		中软
P	Q	R	S	硬
T				很硬
	Y			极硬

从表 12-6 中可以看出：

① 磨具硬度等级用英文字母标记，从 A 到 Y，由软到硬。

② 砂轮的硬度由软到硬按 A、B、…、Y（I、O、U、V、W、X 除外）分级。另外需要注意，砂轮的硬度与磨料的硬度是两个不同的概念，不能混淆。

（4）组织

砂轮的组织是指砂轮内部结构的疏密程度。根据磨粒在整个砂轮中所占体积的比例不同,砂轮组织分成三大类共 15 级,可用数字标记,通常为 0~14;数字越大,表示组织越疏松。砂轮的组织、代号及其选用见表 12-7。

(5)结合剂

结合剂是用来将分散的磨料颗粒黏结成具有一定形状和足够强度的磨具的材料。结合剂的种类和性质将影响砂轮的硬度、强度、耐腐蚀性、耐热性及抗冲击性等。结合剂种类见表 12-8。

表 12-7 砂轮的组织、代号及其选用

砂轮的组织	紧 密	中 等	疏 松
砂轮组织的代号	0~4	5~8	9~14
选用	精密磨削、成形磨削	一般磨削	磨削硬度低、韧性大的工件,或砂轮与工件接触面积大的场合,或粗磨

表 12-8 结合剂种类

代号	结合剂	代号	结合剂
V	陶瓷结合剂(常用)	B	树脂或其他热固性有机结合剂(常用)
R	橡胶结合剂(常用)	BF	纤维增强树脂结合剂
RF	增强橡胶结合剂	Mg	菱苦土结合剂
PL	塑料结合剂		

(6)最高工作速度(也称安全圆周速度)

砂轮的强度是指在惯性力作用下砂轮抵抗破碎的能力。砂轮回转时产生的惯性力与砂轮的圆周速度的平方成正比。因此,砂轮的强度通常用最高工作速度表示。

砂轮应按下列范围的最高工作速度进行制造,磨具最高工作速度的范围为:<16,16~20,25~30,32~35,40~50,60~63,70~80,100~125,140~160,其单位为 m/s。

12.3 磨削工艺

12.3.1 在外圆磨床上磨外圆

1. 工件的装夹方法

磨外圆时常用的工件装夹方法有两顶尖装夹、三爪自定心卡盘装夹(没有中心孔的圆柱形工件)四爪单动卡盘装夹(外形不规则的工件)三种。

两顶尖装夹工件的方法如图 12-7 所示。由于磨床所用的前、后顶尖都是固定不动的(即固定顶尖),尾座顶尖依靠弹簧顶紧工件,使工件与顶尖始终保持适当的松紧程度,所以可避免磨削时因顶尖摆动而影响工件的精度。两顶尖装夹工件的方法定位精度高,装夹工件方便,应用最为普遍。

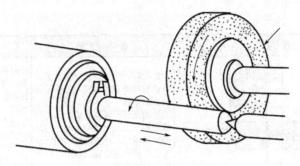

图 12-7 工件在两顶尖间装夹

2. 磨削用量（表 12-9）

表 12-9 外圆磨削的磨削用量

磨削用量	定 义	公式及其选择
1. 磨削速度 v_c	即砂轮的圆周速度，为砂轮外圆表面上任一磨粒在 1s 内所通过的路程	$$v_c = \frac{\pi D_0 n_0}{1000 \times 60}$$ 式中 v_c ——磨削速度（m/s）； 　　　 D_0 ——砂轮直径（mm）； 　　　 n_0 ——砂轮转速（r/min） 磨床的砂轮主轴只有一种速度，一般为 30～35m/s，操作时无选择的余地，随着砂轮磨耗而直径变小，砂轮的圆周速度也变小，砂轮的磨削性能逐渐变差，直接影响磨削质量和生产率，此时应更换砂轮
2. 背吃刀量 a_p	即工作台每次纵向往复行程终了时，砂轮在横向移动的距离。对于外圆磨削，又称横向进给量	背吃刀量大，生产率高，但对磨削精度和表面粗糙度不利 通常粗磨外圆时 a_p=0.01～0.025mm，精磨外圆时 a_p=0.005～0.015mm
3. 纵向进给量 f	外圆磨削时，是指工件每回转一周，沿自身轴线方向相对砂轮移动的距离	纵向进给量受砂轮厚度的约束，粗磨时 f=(0.3～0.85)T，精磨时 f=(0.2～0.3)T（T 为砂轮厚度）
4. 工件的圆周速度 v_w	又称工件圆周进给速度，是指圆柱面磨削时工件待加工表面的线速度	$$v_w = \frac{\pi D_w n_w}{1000}$$ 式中 v_w ——工件的圆周速度（m/min）； 　　　 D_w ——工件直径（mm）； 　　　 n_w ——工件转速（r/min） 粗磨时 v_w=20～85m/min，精磨时 v_w=15～50m/min

3. 磨削方法

外圆磨削方法主要有纵向磨削法、横向磨削法、综合磨削法和深度磨削法，见表 12-10。

表 12-10 外圆磨削方法

方法	图 示	磨 削 过 程	特点及应用
纵向磨削法		砂轮高速回转做主运动，工件低速回转作圆周进给运动，工作台沿纵向作往复进给运动，实现对工件整个外圆表面的磨削 每当一次往复行程终了了时，砂轮作周期横向进给运动，直至达到所需的背吃刀量	砂轮上处于纵向进给方向一侧的磨粒担负主要切削工作，周边上其余磨粒只起修光作用，减小表面粗糙度值 砂轮的每次背吃刀量很小，生产率低，但可获得较高的加工精度和较小的表面粗糙度值，在生产中应用广泛

方法	图 示	磨削过程	特点及应用
横向磨削法（又称切入磨削法）	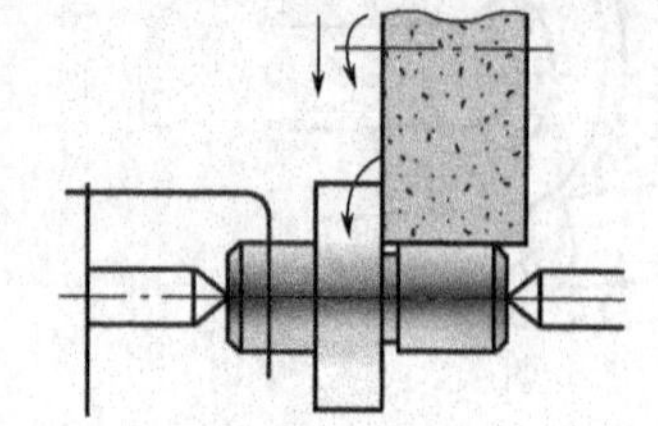	磨削时，由于砂轮厚度大于工件被磨削外圆的长度，工件无纵向进给运动 砂轮高速回转作主运动，工件低速回转作圆周进给运动，同时砂轮以很慢的速度连续或间断地向工件横向进给切入磨削，直至磨去全部余量	砂轮与工件接触长度内的磨粒的工作情况相同，均起切削作用，因此生产率较高，但磨削力和磨削热大，工件容易产生变形，甚至发生烧伤现象，加工精度降低，表面粗糙度值增大 受砂轮厚度的限制，只适用于磨削长度较短的外圆及不能用纵向进给的场合
综合磨削法	——	横向磨削法与纵向磨削法的综合 磨削时，先采用横向磨削法分段粗磨外圆，并留精磨余量，然后再用纵向磨削法精磨到规定的尺寸	在一次纵向进给运动中，将工件磨削余量全部切除而达到规定的尺寸要求
深度磨削法	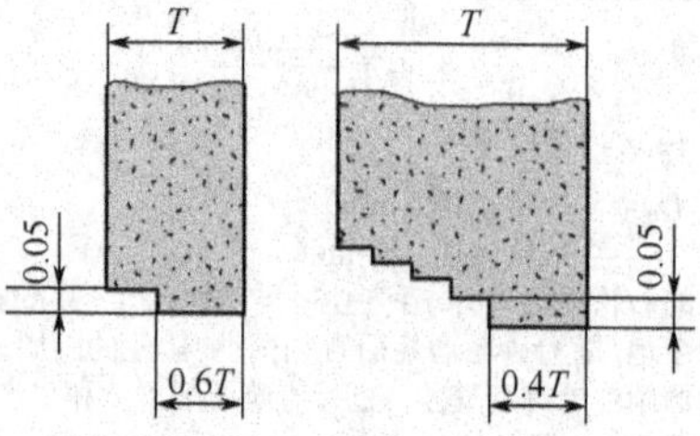 双阶梯砂轮　　五阶梯砂轮	在一次给向进给运动中，将工件磨削余量全部切除而达到规定的尺寸要求，磨削方法与纵向磨削法相同，但砂轮须修成阶梯形 负主要切削工作，各台阶的前部起精磨、修光作用，前面的各台阶完成粗磨，最后一个台阶完成精磨	台阶的数量及深度按磨削余量的大小和工件的长度确定 适用于磨削余量和刚度较大的工件的批量生产，应选用刚度和功率大的机床，使用较小的纵向进给速度，并注意充分冷却

13.3.2　在外圆磨床上磨内圆

1. 内圆磨削方法

内圆磨削是常用的内孔精加工方法，可以加工工件上的通孔、盲孔、台阶孔及端面等。在万能外圆磨床上磨内圆的方法见表 12-11。

表 12-11　磨内圆的方法

方法	纵向磨削法	横向磨削法
图示	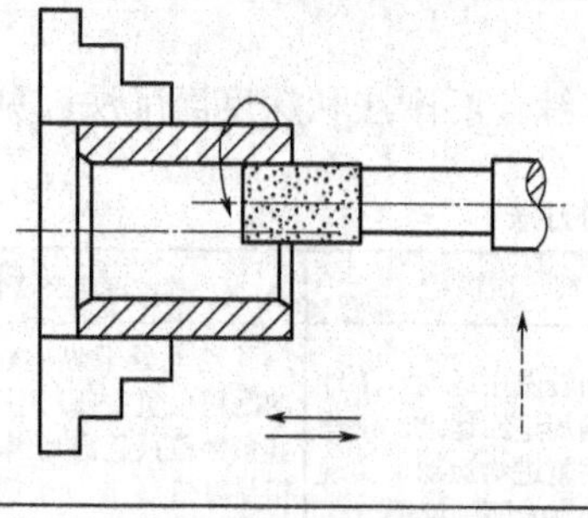	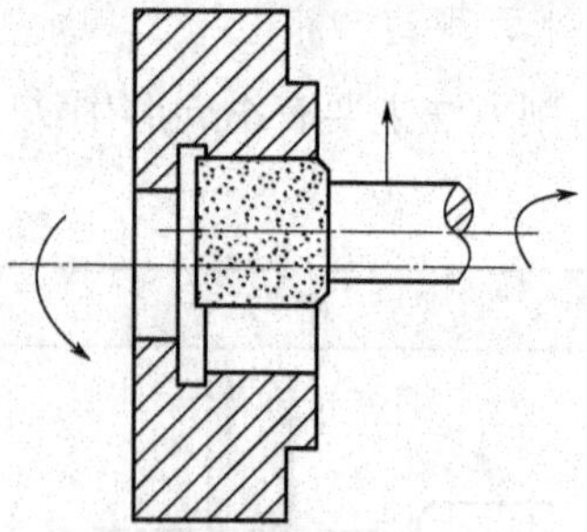
磨削过程	与外圆的纵向磨削法相同，砂轮高速回转做主运动，工件以与砂轮回转方向相反的低速回转完成圆周进给运动，工作台沿被加工孔的轴线方向作往复移动完成工件的纵向进给运动，在每一次往复行程终了时，砂轮沿工件径向周期横向进给	磨削时，工件只作圆周进给运动，砂轮的高速回转为主运动，同时以很慢的速度连续或断续地向工件作横向进给，直至孔径磨到规定尺寸

2. 内圆磨削的特点

与外圆磨削相比，磨内圆有如下特点：

① 砂轮与砂轮接长轴的直径都受到工件孔径的限制，因此，一方面磨削速度难以提高，另一方面磨具刚度较差，容易振动，使加工质量和生产率受到影响。

② 砂轮容易堵塞、磨钝，磨削时不易观察，冷却条件差。

③ 在万能外圆磨床上用内圆磨头磨削内圆主要用于单件、小批量生产，在大批量、大量生产中则宜使用内圆磨床磨削。

12.3.3　在外圆磨床上磨外圆锥

在外圆磨床上磨外圆锥的方法见表 12-12。

表 12-12　在外圆磨床上磨外圆锥的方法

方　法	图　示	磨 削 过 程	适 用 场 合
转动工作台法	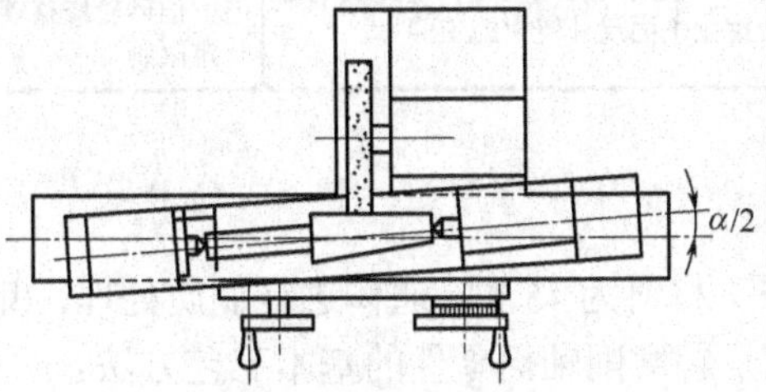	将工件装夹在两顶尖间，圆锥大端在前顶尖侧、小端在后顶尖侧，将磨床的上工作台相对下工作台逆时针偏转一个圆锥半角 $\alpha/2$ 的角度 磨削时，用纵向磨削法或综合磨削法，从圆锥小端开始试磨	锥度不大的长圆锥工件
转动头架法	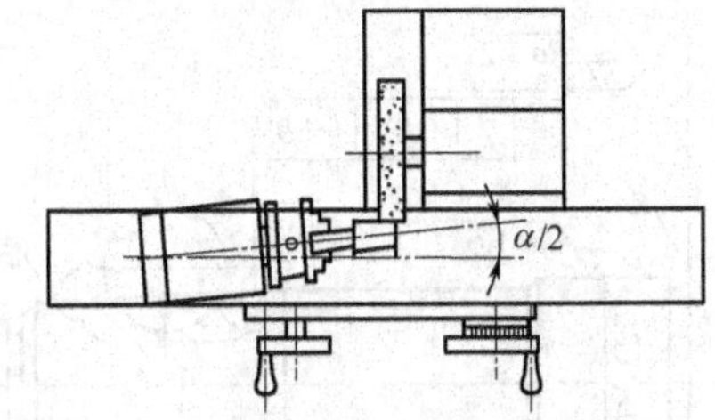	将工件装夹在头架的卡盘中，头架逆时针转动 $\alpha/2$ 角度，磨削方法与转动工作台法相同	锥度较大而长度较短的工件
转动砂轮架法	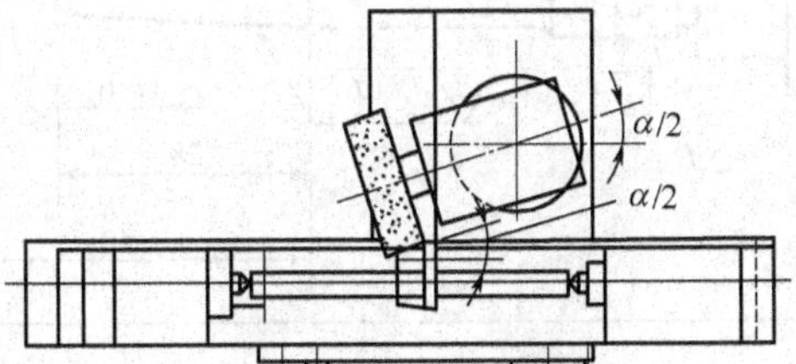	将砂轮架偏转 $\alpha/2$ 角度，用砂轮的横向进给进行圆锥磨削，磨削中工作台不允许纵向进给，如果锥面的素线长度大于砂轮厚度，则需要用分段接刀的方法进行磨削	锥度较大且长度较长的工件，须用两顶尖装夹

12.3.4　在平面磨床上磨平面

在平面磨床上磨削平面有圆周磨削 [图 12-3（a）、（c）] 和端面磨削 [图 12-3（b）、（d）] 两种形式。卧轴矩台和卧轴圆台平面磨床的磨平面属圆周磨削形式。圆周磨削时，砂轮与工件的接触面积小，生产率低，但磨削区散热、排屑条件好，因此磨削精度高。

在 M7120A 型卧轴矩台平面磨床上磨平面的方法见表 12-13。

表 12-13 在平面磨床上磨平面的方法

分类	横向磨削法	深度磨削法	阶梯磨削法
图示	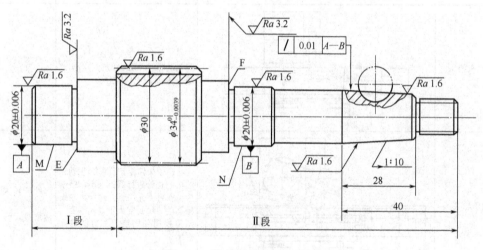		
磨削过程	每当工作台纵向行程终了时，砂轮主轴作一次横向进给，待工件表面上第一层金属被磨去后，砂轮再按预选的背吃刀量作一次垂直进给，以后按上述过程逐层磨削，直至切除全部磨削余量	先粗磨，将余量一次磨去（留精磨余量），粗磨时的纵向移动速度很慢，而横向进给量很大，约为（3/4～4/5）T（T 为砂轮厚度），然后再用横向磨削法精磨	将砂轮厚度的前一半修成几个台阶，粗磨余量由这些台阶分别磨除，砂轮厚度的后一半用于精磨
特点及应用	适于磨削长而宽的平面，也适于相同小件按序排列、集合磨削	垂直进给次数少，生产率高，但磨削抗力大，仅适用在刚度好、动力大的磨床上磨削平面尺寸较大的工件	生产率高，但磨削时横向进给量不能过大，能充分发挥砂轮的磨削性能，但砂轮修整较麻烦，其应用受到一定限制

12.3.5 齿轮轴的磨削工艺

图 12-8 所示为齿轮轴的磨削工序图，材料为 45 钢，通体进行调质处理，齿部经高频（中频）淬火处理。下面以磨削齿轮轴为例了解磨削轴类零件的基本工艺方法。

图 12-8 齿轮轴的磨削工序图

1. 阅读分析图样

① 零件为台阶轴，M、N 轴颈的尺寸公差要求较高（±0.006mm）。

② 锥度为 1:10 的圆锥面相对于公共基准轴线 A—B 的斜向圆跳动公差为 0.01mm。

③ 重要尺寸的表面结构要求：M、N 外圆的表面粗糙度值为 $Ra1.6\mu m$，E、F 端面的表面粗糙度值为 $Ra3.2\mu m$，锥度为 1:10 的圆锥的表面粗糙度值为 $Ra1.6\mu m$，齿轮齿面的表面粗糙度值也为 $Ra1.6\mu m$。这些表面的精加工均要经过磨削工序来加工。

2. 制定加工工艺

① 工件经粗车、精车、铣齿轮、铣键槽、热处理和修研中心孔后，在万能外圆磨床上加工，并分粗磨与精磨。

② 统一采用两端的中心孔作为定位基准，用两顶尖装夹。

③ 两中心孔轴线是否重合直接影响零件的加工精度。因此，加工中心孔时应提高两中心孔轴线间的同轴度要求，批量生产时，有条件的应采用中心孔机床加工。此外，工件经热处理后，两中心孔会随工件产生变形，且中心孔表面会形成较厚的氧化层，必须用两同轴顶尖对中心孔研磨修正后才能进行磨削。

④ 齿轮轴磨削顺序：修研两端中心孔→粗磨齿轮→精磨齿轮→粗磨右端→粗磨、精磨左端→调头、精磨右端。

3. 齿轮轴的磨削过程

齿轮轴的磨削过程见表 12-14。

表 12-14　齿轮轴的磨削过程

序号	工序名称	工序内容
1	修研中心孔	在车床上，用油石前顶尖修研齿轮轴两端中心孔
2	磨齿	在磨齿机上，用两顶尖装夹粗磨、精磨齿轮至要求
3	粗磨齿轮轴的Ⅱ段	粗磨齿轮轴齿顶圆、外圆和圆锥，各留精磨余量 0.03～0.05mm
4	粗磨、精磨齿轮轴的Ⅰ段	调头，粗磨、精磨齿轮轴左端端面和外圆
5	精磨齿轮轴的Ⅱ段	精磨齿轮轴齿顶圆、外圆、端面和圆锥至要求
6	检验	检验各部分尺寸是否达到图样要求

压痕直径与布氏硬度对照表

压痕直径与布氏硬度对照表

压痕直径 d（mm）	HBW D=10mm F=29.42kN	压痕直径 d（mm）	HBW D=10mm F=29.42kN	压痕直径 d（mm）	HBW D=10mm F=29.42kN
2.40	653	3.10	388	3.80	255
2.42	643	3.12	383	3.82	252
2.44	632	3.14	378	3.84	249
2.46	621	3.16	373	3.86	246
2.48	611	3.18	368	3.88	244
2.50	601	3.20	363	3.90	241
2.52	592	3.22	359	3.92	239
2.54	582	3.24	354	3.94	236
2.56	573	3.26	350	3.96	234
2.58	564	3.28	345	3.98	231
2.60	555	3.30	341	4.00	229
2.62	547	3.32	337	4.02	226
2.64	538	3.34	333	4.04	224
2.66	530	3.36	329	4.06	222
2.68	522	3.38	325	4.08	219
2.70	514	3.40	321	4.10	217
2.72	507	3.42	317	4.12	215
2.74	499	3.44	313	4.14	213
2.76	492	3.46	309	4.16	211
2.78	485	3.48	306	4.18	209
2.80	477	3.50	302	4.20	207
2.82	471	3.52	298	4.22	204
2.84	464	3.54	295	4.24	202
2.86	457	3.56	292	4.26	200
2.88	451	3.58	288	4.28	198
2.90	444	3.60	285	4.30	197
2.92	438	3.62	282	4.32	195
2.94	432	3.64	278	4.34	193
2.96	426	3.66	275	4.36	191

续表

压痕直径 d（mm）	HBW D=10mm F=29.42kN	压痕直径 d（mm）	HBW D=10mm F=29.42kN	压痕直径 d（mm）	HBW D=10mm F=29.42kN
2.98	420	3.68	272	4.38	189
3.00	415	3.70	269	4.40	187
3.02	409	3.72	266	4.42	185
3.04	404	3.74	263	4.44	184
3.06	398	3.76	260	4.46	182
3.08	393	3.78	257	4.48	180
4.50	179	5.02	141	5.54	114
4.52	177	5.04	140	5.56	113
4.54	175	5.06	139	5.58	112
4.56	171	5.08	138	5.60	111
4.58	172	5.10	137	5.62	110
4.60	170	5.12	135	5.64	110
4.62	169	5.14	134	5.66	109
4.64	167	5.16	133	5.68	108
4.66	166	5.18	132	5.70	107
4.68	164	5.20	131	5.72	106
4.70	163	5.22	130	5.74	105
4.72	161	5.24	129	5.76	105
4.74	160	5.26	128	5.78	104
4.76	158	5.28	127	5.80	103
4.78	157	5.30	126	5.82	102
4.80	156	5.32	125	5.84	101
4.82	154	5.34	124	5.86	101
4.84	153	5.36	123	5.88	99.9
4.86	152	5.38	122	5.90	99.2
4.88	150	5.40	121	5.92	98.4
4.90	149	5.42	120	5.94	97.7
4.92	148	5.44	119	5.96	96.9
4.94	146	5.46	118	5.98	96.2
4.96	145	5.48	117	6.00	95.5
4.98	144	5.50	116		
5.00	143	5.52	115		

黑色金属硬度及强度换算表

洛氏硬度		布氏硬度 HB	维氏硬度 HV	近似强度值 R_m（MPa）	洛氏硬度		布氏硬度 HB	维氏硬度 HV	近似强度值 R_m（MPa）
HRC	HRA				HRC	HRA			
70	(86.6)		1037		43	72.1	401	411	1389
69	(86.1)		997		42	71.6	391	399	1347
68	(85.5)		959		41	71.1	380	388	1307
67	85.0		923		40	70.5	370	377	1268
66	84.4		889		39	70.0	360	367	1232
65	83.9		856		38		350	357	1197
64	83.3		825		37		341	347	1163
63	82.8		795		36		332	338	1131
62	82.2		766		35		323	329	1100
61	81.7		739		34		314	320	1070
60	81.2		713	2607	33		306	312	1042
59	80.6		688	2496	32		298	304	1015
58	80.1		664	2391	31		291	296	989
57	79.5		642	2293	30		283	289	964
56	79.0		620	2201	29		276	281	940
55	78.5		599	2115	28		269	274	917
54	77.9		579	2034	27		263	268	895
53	77.4		561	1957	26		257	261	874
52	76.9		543	1885	25		251	255	854
51	76.3	(501)	525	1817	24		245	249	835
50	75.8	(488)	509	1753	23		240	243	816
49	75.3	(474)	493	1692	22		234	237	799
48	74.7	(461)	478	1635	21		229	231	782
47	74.2	449	463	1581	20		225	226	767
46	73.7	436	449	1529	19		220	221	752
45	73.2	424	436	1480	18		216	216	737
44	72,6	413	423	1434	17		211	211	724

常用钢的临界点

常用钢的临界点[①]

牌　号	临界点（℃）					
	A_{c1}	A_{c3} (A_{cm})	A_{r1}	A_{r3}	M_s	M_f
15	735	865	685	840	450	
30	732	815	677	796	380	
40	724	790	680	760	340	
45	724	780	682	751	345～350	
50	725	760	690	720	290～320	
55	727	774	690	755	290～320	
65	727	752	696	730	285	
30Mn	734	812	675	796	355～375	
65Mn	736	765	689	741	270	
20Cr	766	838	702	799	390	
30Cr	740	815	670	—	350～360	
40Cr	743	782	693	730	325～330	
20CrMnTi	740	825	650	730	360	
30CrMnTi	765	790	660	740	—	
35CrMo	755	800	695	750	271	
25MnTiB	708	817	610	710	—	
40MnB	730	780	650	700	—	
55Si2Mn	775	840	—	—	—	
60Si2Mn	755	810	700	770	305	
50CrMn	750	775	—	—	250	
50CrVA	752	788	688	746	270	
GCr15	745	900	700	—	240	
GCr15SiMn	770	872	708	—	200	
T7	730	770	700	—	220～230	
T8	730	—	700	—	220～230	−70
T10	730	800	700	—	200	−80

续表

牌　号	临界点（℃）					
	A_{c1}	A_{c3} (A_{cm})	A_{r1}	A_{r3}	M_s	M_f
9Mn2V	736	765	652	125	—	—
9SiCr	770	870	730	—	170～180	—
CrWMn	750	940	710	—	200～210	—
Cr12MoV	8X0	1200	760	—	150～200	−80
5CrMnMo	710	770	680	—	220～230	
3Cr2W8V	820	1100	790	—	240～380	−100
W18Cr4V	820	1330	760	—	180～220	

注：①临界点的范围因奥氏体化温度不同或实验不同而有差异，表中数据为近似值，仅供参考。

反侵权盗版声明

　　电子工业出版社依法对本作品享有专有出版权。任何未经权利人书面许可，复制、销售或通过信息网络传播本作品的行为，歪曲、篡改、剽窃本作品的行为，均违反《中华人民共和国著作权法》，其行为人应承担相应的民事责任和行政责任，构成犯罪的，将被依法追究刑事责任。

　　为了维护市场秩序，保护权利人的合法权益，我社将依法查处和打击侵权盗版的单位和个人。欢迎社会各界人士积极举报侵权盗版行为，本社将奖励举报有功人员，并保证举报人的信息不被泄露。

举报电话：（010）88254396；（010）88258888

传　　真：（010）88254397

E-mail：　dbqq@phei.com.cn

通信地址：北京市万寿路 173 信箱

　　　　　电子工业出版社总编办公室

邮　　编：100036